나쁜 여자의 착한 요리

ONE PLATE

올리비아 리 지음

그리고책
andbooks

1판 1쇄 발행 2013년 1월 11일
1판 2쇄 발행 2013년 2월 13일

지은이 | 올리비아 리(Olivia Lee, 이영희)
펴낸이 | 김선숙, 이돈희
펴낸곳 | 그리고책
주소 | 서울시 마포구 서교동 461-28 삭녕빌딩 3층(121-842)
대표전화 | 02-717-5486
팩스 | 02-717-5427
이메일 | editor@andbooks.co.kr
홈페이지 | www.andbooks.co.kr
출판등록 | 2003.4.4 제 10-2621호

편집책임 | 이정순
편집진행 | 이현아, 김아름, 여연주, 심형희
촬영진행 | 이현아
요리촬영진행 | 김아름
마케팅 | 손지한, 김상준, 서은실
경영전략 | 박진희, 장미영

교열 | 김혜정
포토디렉터 | 김형섭(www.studioino.co.kr, 02-545-6078)
포토그래퍼 | 정윤성
스타일링 | 배지현(d.FLOOR, 010-7116-3264)
진행어시스트 | 박다영, 이은지, 김주연, 이충현, 김민규
디자인 | 김진 디자인

값 12,800원
©2013 이영희
ISBN 978-89-97686-14-8 13590
All rights reserved. First edition printed 2013.

나쁜 여자의 착한 요리

ONE PLATE

올리비아 리 지음

그리고책
and books

여는 글

저의 20대는 하루 16시간 이상을 일하고 나머지 시간도 요리대회나 프로젝트를 진행하면서
끊임없이 배우느라 하루하루가 무척 짧았습니다. 저는 다양한 것에 도전하고 노력했던 욕심 많은
사람이었어요. 일터는 언제나 전쟁터처럼 바쁘고 온몸이 끊어질 것 같이 지치고 힘들었지만 최고의
요리를 만들어낸다는 성취감에 행복했어요. 물론 쉽지만은 않았어요. 어려운 일들은 왜 그렇게
많던지…. 어떤 사람은 과거로 돌아가 다시 시작하고 싶다고 하지만 저는 절대 돌아가고 싶진 않을
만큼 고통스러운 시간이기도 했어요. 잠을 줄여가며 죽도록 목표를 향해 일했던 것도, 새로운 문화와
환경에 적응하는 것도, 행복했지만 그만큼 힘들었거든요.

하지만 요리에 대한 꿈과 열정이 끓어올랐던 만큼 저에게는 많은 기회가 찾아왔어요. 다양한 음식과
문화를 접할 수 있었던 뉴욕, 유럽의 여러 나라를 느낄 수 있었던 스위스, 척박했지만 화려했던
시절의 두바이, 맛있는 재료와 최고의 음식을 매일 접할 수 있었던 프랑스, 그 밖에도 연수나 맛
기행을 위해 찾았던 여러 나라들은 어쩌면 제가 요리를 선택했기 때문에 얻을 수 있었던 행운인 것
같아요.
그렇게 세계 최고급 레스토랑에서 일을 하며 손이 많이 가는 예술작품 같은 요리들을 만들었어요.
그땐 그것이 최고라고 생각했었죠. 하지만 시간이 지나면서 생각이 좀 달라졌어요. 화려한
기술보다는 신선한 재료로 사랑과 정성을 듬뿍 담아 만든 요리가 최고더라고요.

저는 일과 삶에 대한 열정이 넘치고 자신감을 가지고 즐겁게 인생을 살아가는 여러분의 모습을
상상하며 이 책을 만들었습니다. 때론 바쁜 일과에 쫓겨 대충 끼니를 때우거나 거르게 될 때도
많지만, 자신과 소중한 사람들을 위해 정성스럽게 요리하고 맛을 음미하는 시간을 가지길 진심으로
바라면서요.
때문에 <나쁜 여자의 착한 요리>는 앞을 보며 열심히 달리는 멋진 '나쁜' 사람들이 마땅히 즐겨야 할
'착한' 요리들로 가득 차 있습니다. 그리고 제가 세계 최고 셰프들과 다양한 나라에서 배워온 보석
같은 요리 팁들도 아낌없이 공개했답니다.

또한 <나쁜 여자의 착한 요리>에 소개하는 메뉴들은 제가 실제로 자주 만들어 먹는 요리로
구성했습니다. 외국에서 만들어 먹던 메뉴도 있고, 친구나 지인이 만들어 준 추억의 요리도
있습니다. 만들기 어렵고 힘든 메뉴보다는 쉽게 구할 수 있는 재료들로 즐겁게 만들고 근사하게
담을 수 있게끔 정리했습니다. 특히 사람들을 집으로 초대해 맛있는 음식을 대접하기 좋아하는 저의
주특기를 살려 손님상에 내어도 손색없는 요리들로 골랐어요 물론 가장 중요한 것은 '맛'이죠! 아주
간단한 방법으로 익숙한 재료들이 얼마나 싱싱하고 색다른 맛을 내는지 꼭 느껴보시길 바랍니다.

제가 멋진 요리에만 관심 있었던 시절, 미슐랭 3스타 레스토랑 주방에서 처음 일할 때 가장 많이
하는 질문이 있었어요. "이건 어떻게 만드는 거야?" 셰프들의 대답은 하나같이 "먹어봐!"였습니다.
그리고 "어떤 거 같아?"라고 물었죠 그것이 그들이 가르쳐 주는 방식이었습니다. 직접 먹어보고
맛을 기억하고 이건 어떻게 만들어졌을 거라는 생각을 나누면서 많이 배울 수 있었습니다. 여러분
또한 '이런 요리는 어떻게 만들지?'라고 가졌던 궁금증들이 이 책을 통해 속 시원히 해결될 수 있기를
바랍니다.

맛있는 걸 먹고 싶어서, 요리가 재밌고 좋아서, 내가 가장 잘할 수 있는 일이어서 선택한 요리는
지금도 저를 행복하게 하는 첫 번째 조건입니다. 제가 느끼는 요리의 즐거움과 기쁨을 독자 여러분과
꼭 함께 나누고 싶습니다.
오늘은 사랑하는 마음을 담아 정성껏 나를 위해, 가족을 위해, 친구와 연인을 위해 행복하게 요리해
보세요. 저, 올리비아처럼요!

올리비아

계량기구가 필요 없는 간단 계량법

✎ 착한 요리 레시피는 2인분 기준입니다!
✎ 밥숟가락이 아닌 계량스푼을 사용할 땐 윗면을 평평하게 깎아 사용하세요!

밥숟가락으로 계량하기

가루, 장류

소금(1)
숟가락으로 수북이 떠서 위로 볼록하게 올라오도록 담아요.

소금(0.5)
숟가락의 절반 정도만 볼록하게 담아요.

소금(0.3)
숟가락의 ⅓정도만 볼록하게 담아요.

다진 재료

다진 마늘(1)
숟가락으로 수북이 떠서 꼭꼭 담아요

다진 마늘(0.5)
숟가락의 절반 정도만 꼭꼭 담아요.

다진 마늘(0.3)
숟가락의 ⅓정도만 꼭꼭 담아요.

액체류

간장(1)
숟가락 한가득 찰랑거리게 담아요.

간장(0.5)
숟가락의 가장 자리가 보이도록 절반 정도만 담아요.

간장(0.3)
숟가락의 ⅓정도만 담아요.

종이컵으로 분량 재기

밀가루(1컵=100g)
종이컵 가득 담아 윗면을 깎아요.

소스(1컵=180g)
종이컵에 가득 담아요.

육수(½컵=90ml)
종이컵의 절반만 담아요.

쌀(1컵=1인분)
종이컵 가득 담아 윗면을 깎아요.

손으로 분량 재기

어린잎채소(1줌)
손으로 자연스럽게 한가득 쥐어요.

파스타면(1인분, 100g)
검지가 엄지 첫 마디에 닿게 쥐어요.

파스타면(2인분, 200g)
검지가 엄지 중간 마디에 닿게 쥐어요.

레시피 이해하기

약간 엄지와 검지로 살짝 꼬집은 정도를 말해요. 기호에 맞게 양을 조절하세요.

± 음식을 만들기 전에 미리 섞어 놓으면 좋은 양념이나 드레싱, 소스는 +로 표시했어요. 재료 준비할 때 미리 섞어두세요.

착한 요리의 특징

- **한 끼를 먹더라도 신선하고 맛있게!**
  천만불짜리 비법 양념이 있다 해도 신선한 재료 없이는 맛이 나지 않아요. 냉장고에서 꺼낸 오래된 재료 대신 신선하고 가격도 착한 제철 식재료를 구입해보세요. 특히 피망이나 파프리카 등 색감을 가진 재료들은 색색으로 골라 써보세요. 더욱 맛있게 보여요.

- **눈과 입이 즐거운 한 접시 요리!**
  대충 때우는 식사가 아니라 한 접시에 예쁘게 담아 먹으세요. 올리비아가 아주 쉬운 플레이트 법을 알려드릴게요! 손님상에 놓아도 근사하지만 나를 위해서 소중한 한 접시를 만들어 보는 것도 나를 사랑하는 방법이 아닐까요?

- **풍부한 맛을 내는 비법!**
  요리 마지막에 통후추나 비법솔트, 레몬제스트를 듬뿍 뿌려주세요. 마법처럼 풍미가 살아나요. 요리에 사용한 실파나 어린잎채소 등도 좋아요. 장식용으로 올려내는 가니쉬도 먹을 수 있는 재료를 쓰기 때문에 요리의 간도 맞춰지고 풍미도 살아나면서 보기에도 근사하답니다.

One Plate

Part 1

주방의 법칙
Oilvia's Kitchen Rule

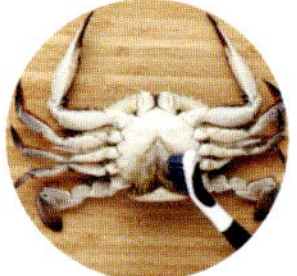

Part 2

요리의 기본기
Basic Cooking Methods

Contents

접시 선택법 & 올리비아의 플레이팅 & 좋은 재료가 우선! & 요리도 자세가 중요하다

Olivia's Kitchen Rule

요리의 격이 달라지는 사소하지만 결정적인

주방의 법칙

Easy
Simple
Basic

접시 선택법

저는 요리를 할 때 가장 중요한 것으로 3가지를 꼽아요.
바로 Simple, Easy, Basic! 간단하고 쉬우면서 기본을 지키는 것인데요. 접시를 고를
때도 마찬가지예요. 많은 접시를 준비해 놓을 수 없다면 가장 기본이 되면서도 담기 쉽고 모양도
심플한 하얀색 둥근 접시를 준비해 보세요. 레스토랑에서도 가장 많이 사용하는 것이 이 하얀
접시예요. 하얀 접시는 음식의 색을 돋보이게 해서 먹음직스럽게 보이고 무엇을 담아도 왠지 멋져
보인답니다! 하얀 도화지에 그림을 그리고 색을 채운다고 상상해보세요!

❶ 평평한 흰 접시

재료가 한 덩어리여서 썰어 먹어야 할
경우에 어울려요.

❷ 오목한 흰 그릇

국물이나 소스가 있는 음식에 좋아요.

❸ 네모난 흰 접시

재료의 덩어리가 네모날 때에는 네모난
접시가 더 모던하게 보여요

❹ 오목하고 작은 흰 그릇

소스나 사이드 메뉴 등을 담을
때도 오목하고 작은 흰색 그릇을
선택해보세요. 식탁이 더욱 깔끔하고
세련되게 보인답니다!

올리비아의 플레이팅

음식은 맛있게 만드는 것만큼 예쁘게 담는 법도 중요하죠 많은 분들이 저에게 "집에서도
레스토랑에서 나오는 요리처럼 근사하게 담는 방법이 없느냐"고 물어보세요 방법을 알려드리면
이렇게 쉽고 간단한 방법이 있었냐고 놀라죠!
지금부터 올리비아 스타일의 플레이팅(plating, 음식 담는 법)을 알려 드릴게요! 친구가 찾아왔을
때나 부모님을 위한 특별한 저녁에 응용해보세요 또 혼자 먹는 식사라도 대충 때우지 말고 이왕이면
예쁘게 담아 먹어보세요!

Rule 1 가운데 높게 담는다

제가 요리 클래스 중 늘 하는 말이
있어요
"Center, high, it's modern!"
음식을 접시 가운데 높이 담으면
플레이트가 훨씬 모던해진다는 뜻이죠!
이 플레이트 법은 제 아버지 셰프들의
공통된 가르침이기도 했어요 음식을
소복하게 담되 너무 꽉 눌러 담지 말고
살짝 공기가 있게끔 담아보세요! 음식이
훨씬 세련되게 보일 거예요

Olivia

Rule ❷ 빈 공간을 둔다

접시에 음식이 가득 차 있으면 너무
무거워 보이고 아름답지 않죠. 집에서
만든 파스타와 레스토랑에서 나오는
파스타를 떠올려 보세요. 집에서 만든
파스타는 접시 가득 면을 담는 경우가
많은 반면 레스토랑의 파스타는 접시
중앙에 야무지게 감겨 있죠.
앞으로는 음식을 가운데 높게 담은 다음
그 외 공간은 비워두세요. 그럼 그림
처럼 음식이 아름다워진답니다. 때문에
약간 큰 접시를 사는 것이 좋아요.
너무 무겁지 않은 접시라면 집에서
사용하기도 좋을 거예요!

Rule ❸ 물기를 닦는다

저는 항상 음식을 내기 전 접시에
물기가 있는지 지문 자국은 없는지
체크한답니다. 접시에 음식을 담을
때에는 물기를 꼭 닦아주세요! 음식에
물기가 들어가면 맛도 묽어지고
지저분해 보이기 때문이죠. 접시에
물기가 있을 때는 마른 수건이나
키친타월로 닦은 뒤 다른 수건에 식초를
약간 묻혀서 닦으면 지문도 없어지고
소독도 되고 깨끗해져요. 식초는 금방
증발하면서 냄새까지 사라지니까
걱정하지 않아도 돼요.

Rule ❹ 색감을 살린다

음식에는 색이 필요해요. 색이 모여
있으면 더 먹음직스러워요. 특히 빨강,
주황, 노랑, 녹색 등은 입맛을 돋우죠.
파프리카, 피망 등 색이 있는 재료들을
넣을 때는 일부러 여러 가지 색깔을
골라 사용해보세요. 단 5가지 색이 넘지
않도록 하세요.

Rule ❺ 찬 요리는 찬 곳에 뜨거운 요리는 뜨거운 곳에

차가운 요리는 차가운 접시에 뜨거운
요리는 뜨거운 접시에 담아야 요리
본연의 맛을 살릴 수 있어요. 당연한
말 같지만 이 법칙을 지키기란 쉽지가
않죠. 대부분 찬장에 있는 접시를 무심코
꺼내 쓰니까요. 하지만 찬요리를 뜨거운
접시에 담으면 신선한 맛이 사라지고
뜨거운 요리를 찬 접시에 담으면 식어서
맛이 없어지기 때문에 그릇의 온도도
중요해요. 때문에 저는 찬요리의 접시는
냉장고에 넣어 놓고 뜨거운 요리의
접시는 150℃ 이상의 오븐에 1분간
놓았다가 사용해요. 전자레인지용
접시라면 전자레인지에 30초 정도 돌려
사용해도 된답니다!

Rule ❻ 도형을 생각해라

요리와 도형이라니 어쩐지 어울리지
않아 보이지만 이 도형이 요리를
근사하게 만든 답니다. 식재료를 꼭
하나의 모양으로 썰기 보다는 어슷썰기,
링 모양 썰기, 깍둑썰기 등 다양한
모양으로 썰어 믹스매치 해보세요.
이렇게 도형이 섞여 들어가면 음식이
멋스러워져요. 요리의 스타일도
중요하게 여기는 요리대회에 나갈 때
제가 많이 사용하던 방식이기도 해요.
작은 디테일이 큰 것을 변화시키잖아요.
조금만 다르게 썰면 멋있는 음식이
완성된답니다.

Plating

1 대형 할인마트

요즘 전국에 할인마트가 없는 곳이 없는 것 같아요. 쿠폰을 이용하면 좋은 재료를 싸게 구입할 수 있고 맛도 균일한 편이고 배달서비스도 이용할 수 있어요. 여러분이 필요한 거의 모든 식재료가 있다고 해도 과언이 아니죠.

2 코스트코

코스트코는 대용량의 재료를 구입할 때 많이 가요. 특히 육류가 싱싱한 편이에요. 저는 갈빗살 덩어리나 수육용 삼겹살, 생닭을 주로 구입해요. 냉동고에 잘 보관하면 언제 누가 놀러 와도 거뜬히 해치울 수(!) 있어요. 참! 수입 재료를 살 때도 좋아요.

3 하나로마트

신선하고 믿을 만한 국산재료들이 많아요. 우리나라에서 나는 신선한 제철 식재료들이 골고루 모여 있죠. 국내 여행을 할 때마다 그 지역의 하나로마트를 가면 고장의 명품들이 있어요. 특히 제주도 하나로마트에서 오동통한 갈치를 저렴하게 구입해서 눈물 날 정도로 맛있게 요리해 먹었던 기억이 나네요! 다른 지역으로 여행을 간다면 꼭 하나로마트를 들러 보세요!

4 백화점

서양요리나 아시아요리를 할 때 재료를 구입하러 가는 곳이죠. 향신료나 허브, 소스 등을 구입할 수 있어요. 우리나라에서 볼 수 없는 재료들이 많아서 구입하지 않더라도 구경하는 재미가 쏠쏠하답니다. 특히 신세계 그룹에서 오픈한 딘앤델루카나 SSG 같은 마트는 고급 식료품이나 수입재료들이 많아요.

⑤ 시장

어릴 때 외할머니를 만나려면 무조건 동네 시장으로 갔어요. 요리를 좋아하시는 외할머니는 시장에 항상 계셨거든요. 그래서 그런지 저에게는 시장에 대한 향수가 있어요. 지금도 시장에 가는 것을 좋아하는데 신선한 재료들도 있고 값을 깎는 재미도 있어요. 시장 상인들은 인심이 후해서 값을 깎아도 주시고 덤으로 하나씩 더 얹어 주시거든요. 또 재료를 사용할 때 아주 소량만 필요할 때가 있잖아요. 예를 들어 고추 두 개만 몇 백 원에 살 수 있어서 아주 좋아요.

⑥ 수산시장

새벽 수산시장에 가면 삶의 활력이 느껴진답니다! 새벽부터 분주히 움직이는 전국의 상인들을 보면 열심히 살아야겠다는 생각이 불끈 들죠. 거기에 해산물을 좋아하는 저는 수산시장에서 시간을 보내는 걸 아주 좋아해요. 새벽 장을 본 뒤에 전복 몇 개와 조개를 사다가 포장마차 이모에게 가져다 드리면 전복 라면을 아주 맛있게 끓여주신답니다! 쌀쌀한 새벽에 뜨끈하고 얼큰한 국물! 상상만 해도 끝내주죠? 그 맛에 새벽 수산시장을 가기도 한답니다.

⑦ 인터넷

각종 수입재료들을 구입할 때 좋아요. 향신료나 인도 식재료와 베이킹 재료들을 구입할 때 이용해요.

dients

Good posture

요리도 자세가 중요하다

제가 이 바닥에 뛰어든 지 10년이 훌쩍 지났네요. 요리를 정말 사랑하는 저는 하루에 16시간씩 서서 일하는 것도
마다하지 않고 주말이나 쉬는 날도 요리대회 준비로 늘 바빴어요. 특히 남자들이 장악하고 있는 주방에서는
여자라고 해서 약한 척이 용납되지 않아요. 그러다보니 무거운 것도 번쩍 들만큼 강해지기도 했지만 집에
돌아오면 녹초가 되기 일쑤였죠. 얼마 전엔 목과 허리에 디스크 증상이 살짝 보인다는 진단까지 들었어요. 어쩐지
팔다리가 쑤셔서 잠을 자지 못했는데 디스크 증상이었다니요!
그럼 원인은 뭘까요? 바로 자세예요. 16시간을 서 있더라도 올바른 자세로 서 있었다면, 중간에 가벼운
스트레칭을 했더라면, 무거운 도구보다는 가벼운 도구를 사용했더라면, 무거운 것을 들 때 혼자 잘난 척하지
말고 동료에게 도움을 청했더라면 이런 일은 일어나지 않았을 거예요. 그래서 지금은 되도록 가벼운 기구를
사용하면서 틈틈이 스트레칭을 한답니다! 스트레칭을 한 후로는 온 몸이 쑤시는 통증이 조금씩 사라졌어요.
요리를 취미생활로 하거나 어쩌다 주말에 한 번 마음을 먹고 한다고 해도 이왕이면 바른 자세로 해보세요. 바른
자세가 요리를 더 맛있게 만들어주고, 화상이나 칼에 베이는 위험도 줄여준답니다!

요리의 정석

- 허리는 꼿꼿이 펴고 어깨는 내리고 정자세로 요리하세요. 바른 자세로 요리할 때 칼질도 일정하게 되고 요리를 접시에 흘리지 않고 예쁘게 잘 담을 수 있어요.

- 중간 중간 스트레칭을 해주세요. 엄마들이 항상 이야기하시죠. 요리를 준비하는 시간은 긴데 먹는 시간은 짧다고요. 요리를 준비하는 시간이 길어진다면 잠시 행동을 멈추고 목과 허리, 손목을 한번 돌려주세요. 팔도 한번 쭉 펴보고요.

- 미쟝 플라스(mise en place)라는 말이 있어요. 조리를 하기 전 필요한 모든 것(육수 및 요리재료, 기구, 접시, 양념 등)이 한곳에 준비되어 있는 것을 말해요. 요리를 하면서 이것저것 찾으러 다니는 데 시간과 에너지를 허비하지 말라는 용어기도 해요. 요리 시작 전, 머릿속에 요리 과정을 그려보세요. 레시피를 미리 읽어본 후 필요한 재료들은 한곳에 모아두고, 순서에 따라 필요한 것들을 정리해 놓으세요. 그럼 시간 절약은 물론 동선도 짧아지고 허둥지둥 움직이다가 물건들을 와장창 떨어뜨리는 일도 없어진답니다.

- 칼은 악수하듯이 잡으세요. 칼의 날과 손잡이가 만나는 부분 한쪽 면에 엄지를 대고 중지, 약지, 새끼손가락으로 손잡이를 자연스럽게 감싸주세요. 검지는 엄지의 반대편의 칼날 면에 대면 칼을 자유자재로 사용할 수 있고 손목에 무리가 가는 것을 최소화해줘요.

  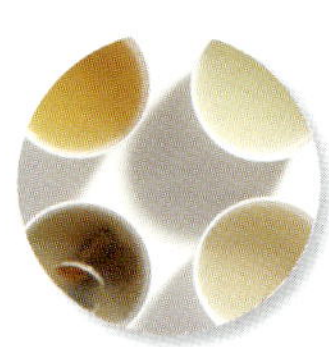 

채소 손질법 & 해산물 손질법 & 맛의 기본이 되는 육수 내기 & 플레이팅의 완성, 가니쉬

Basic Cooking Methods

시작부터 마무리까지 차근차근!

요리의 기본기

❶ 피망 & 파프리카

고르기 피망과 파프리카는 주름이 없이 매끈하고 꼭지가 마르지 않은 것을 고르세요. 피망과 파프리카는 비슷하게 생겼지만 파프리카가 피망보다 껍질이 두꺼우면서 모양이 둥글고, 피망은 좀 더 길쭉한 편이에요.

손질하기 꼭지와 꽁지 부분을 자르고 세로로 길게 자른 후 씨가 붙어 있는 두툼한 흰 살 부분을 잘라내고 씨를 털어내요. 둥근 모양으로 썰어 사용할 때는 꼭지 부분을 동글게 잘라내고 칼끝으로 속과 씨 부분을 통째로 제거한 후 슬라이스하면 돼요.

❷ 고추

고르기 고추는 껍질이 두꺼우면서도 윤기가 나고 선명한 붉은빛을 띠는 것이 좋아요.

손질하기 고추는 벌레가 많아 농약을 많이 치기 때문에, 꼭지를 떼어낸 후 물에 깨끗이 씻어주세요. 동글동글하게 썰어서 사용할 경우, 칼질 후 물에 담가 흔들어 씻으면 씨를 제거할 수 있어요. 채 썰 때는 가운데에 길게 칼집을 넣어 손가락으로 씨를 긁어내고 썰면 돼요.

❸ 버섯

고르기 버섯은 표면이 매끄럽고 상처 없이 통통한 것을 고르는 것이 좋아요. 신문지에 싸서 보관하면 오래 보관할 수 있어요.

손질하기 버섯의 80%는 수분이라 절대 물에 담가 놓으면 안 돼요. 물에 한번 헹구는 정도로만 가볍게 씻어 물기를 닦아 사용하는데, 저는 물수건으로 표면의 이물질을 털듯이 가볍게 닦아 사용해요. 표고버섯이나 양송이버섯은 기둥의 끝부분을 잘라 버리고 버섯모양을 살려 세로로 썰어 사용해요. 마른 표고버섯은 미지근한 물에 불려 사용하는데 이때 설탕을 조금 넣으면 빨리 부드러워져요. 팽이버섯은 지저분한 뿌리 부분만 잘라 사용합니다. 느타리버섯은 그냥 찢으면 부서지기 쉬우므로 끓는 소금물에 살짝 데쳐 물기를 제거한 후 갓 끝에서 기둥쪽으로 찢어 사용하세요.

❹ 파슬리

고르기 파슬리는 짙은 초록빛이 나고 복슬복슬하고 광택이 있는 것을 고르세요.

손질하기 요즘은 파슬리 덩어리보다는 가루를 쓰는 게 더 세련된 방법이랍니다. 먼저 파슬리를 찬물에 담가 이물질을 제거한 후 물기를 털어내세요. 잎만 따서 칼로 곱게 다지고 면포에 다진 잎을 싸서 흐르는 물에 비벼 씻어 녹색 물을 빼줍니다. 그런 후 물기를 꼭 짜면 완성. 파슬리 줄기는 육수 낼 때나 소스를 만들 때, 스테이크나 생선 구울 때 넣어주면 향긋해요.

Preparing vegeta

ble

Chop

⑤ 레몬&라임

고르기 레몬과 라임은 표면에 광택이 있고 무게가 있으며 향이 좋고 말랑말랑한 것을 고르면 좋아요.

손질하기 베이킹소다를 약간 넣은 물에 담가 놓으면 농약을 말끔히 제거할 수 있어요. 레몬과 라임은 껍질의 향이 더 진하고 새콤하기 때문에 레몬 제스터로 긁어 껍질을 사용한답니다. 이때 겉만 살짝 긁어 사용해야지 흰 부분까지 사용하면 맛이 써서 먹을 수 없어요. 껍질은 완성된 크림 파스타 위에 뿌리거나 조리 중 크림소스에 넣어주면 느끼한 맛을 잡아줘요. 샐러드드레싱에 넣어도 좋고요! 과육은 반으로 잘라 칼끝으로 씨를 제거한 뒤 조리 직전 즙을 짜서 사용합니다. 즙을 내는 기구가 없다면 포크를 과육 양쪽에 꽂아 반대로 비틀면 쉽게 즙을 얻을 수 있죠. 이때 즙을 체에 한번 내려 사용하면 더 깨끗한 즙을 얻을 수 있어요.

⑥ 양상추

고르기 양상추는 밝은 연두색에 윤기가 나며 들었을 때 묵직한 것이 속이 꽉 차 있어 좋아요.

손질하기 양상추의 잎을 떼어낼 때는 먼저 심이 있는 부분을 둥글게 칼로 도려내어 바깥쪽 큰 잎부터 한 장씩 떼어내면 돼요. 샐러드용으로 작게 잘라 사용할 때는 손으로 찢어 찬물에 담가 두면 싱싱해져요.

⑦ 토마토

고르기 토마토는 꼭지가 단단하고 시들지 않은 것, 단단하며 알이 큰 것, 색이 선명한 것을 고르세요.

손질하기 토마토 껍질을 제거하면 부드러운 식감을 느낄 수 있어요. 깨끗이 씻은 토마토 윗부분에 칼로 십자를 내고 끓는 물에 10초간 넣었다가 찬물에 담그면 껍질이 쉽게 벗겨져요. 4등분하여 씨를 도려내고 먹기 좋은 크기로 썰어 사용하세요.

8 브로콜리&콜리플라워

고르기 브로콜리는 진한 초록색에
봉오리가 단단하고 가운데가 꽉 찬
것을 고르세요 콜리플라워도 단단하며
상처가 없고 가운데가 꽉 찬 것을
고르세요

손질하기 브로콜리는 물에 흔들어 씻은 후
송이와 송이 사이에 칼끝을 넣어 작은
송이로 잘라 사용하세요 끓는 물에
소금과 브로콜리를 넣어 살짝 데친 후
찬물에 담가 식혀주면 돼요
콜리플라워도 송이와 송이 사이에
칼끝을 넣어 작은 송이로 잘라 사용해요
단, 콜리플라워는 연하기 때문에 익히지
않고 생으로 먹을 수 있어 매력적이에요

9 파&양파

고르기 양파는 껍질이 잘 마르고 광택이
있으며 단단하고 중량감이 있는 것으로
골라요 종이봉투나 망사자루에 넣어
서늘하고 바람이 잘 통하는 곳에
보관하세요 파는 흰 부분에 광택이 있고
초록과 흰색부분 사이의 경계가 투명한
것이 좋아요 신문지에 싸서 냉장고에
넣어 보관하세요

손질하기 파는 뿌리부분을 잘라내고
겉껍질을 벗겨 다듬고 물에 깨끗이
씻어요 시들고 늘어진 잎은 손으로
뜯어서 정리해요 용도에 따라 어슷
썰거나 적당히 토막을 내서 반으로
가르고 심을 빼서 채 썰면 됩니다.
껍질을 벗긴 양파를 끝부분만 조금
자르고 결 모양과 직각이 되도록
썰면 링썰기가 됩니다. 양파를 길게
반으로 자른 후, 도마에 얹어 놓고 뿌리
쪽 끝부분을 잘라내고 채 썰면 눈썹
모양으로 채썰어져요 양파를 다질 때는
반을 잘라 끝을 조금만 남기고 촘촘하게
칼집을 넣고 옆으로도 칼집을 넣어
흐트러지지 않도록 양쪽 끝을 손으로
꼭 잡고 칼집을 넣은 끝에서부터 잘게
썰어주세요 양파를 익히지 않고 생으로
이용할 때에는 얼음물에 담가 매운맛을
줄여주세요

Vegetable

해산물 손질법

❶ 오징어&낙지

고르기 오징어는 적갈색이나 유백색으로 몸통에 탄력이 있고 광택이 도는 것을 고르세요 낙지는 살이 두텁고 큰 것보다는 중간 크기가 맛이 좋아요 흡판을 눌러 단단한지 확인하고 껍질이 제대로 붙어 있는지도 확인하세요.

손질하기 오징어는 몸통과 다리가 붙어 있는 아래 부분에 손가락을 집어넣어 내장이 터지지 않게 조심해서 잡아 당겨 제거해주세요 오징어 껍질은 굵은 소금을 문질러 닦은 다음 몸통 안쪽 끝부분에 칼집을 넣어 잡아당기면 쉽게 벗겨낼 수 있어요 칼집을 넣을 때에는 몸통 안쪽으로 촘촘히 내줘요 낙지는 먹물이 터지지 않게 조심하면서 머리 가운데 길게 칼집을 내서 머리와 내장을 자르고 눈을 도려냅니다. 굵은 소금을 듬뿍 뿌리거나 밀가루를 약간 넣어서 거품이 나도록 바락바락 문질러 미끈거리는 것을 없애줘요

❷ 새우

고르기 다리와 머리가 제대로 붙어 있고 껍질이 깨진 곳 없이 광택이 나는 것이 신선해요.

손질하기 옅은 소금물에 살살 흔들어 씻은 후 머리를 떼어내고 등 쪽의 내장을 뺍니다. 가위로 꼬리 위 검붉은 색의 물 샘도 잘라내고, 검붉은 물도 칼끝으로 긁어내면 끝나요 새우 머리를 살릴 때에는 새우 머리의 뾰족한 부분을 가위로 잘라내고 수염도 보기 좋게 다듬어 사용하세요.

Preparing Seafood

❸ 게

고르기 게는 손으로 들어 묵직하고 빳빳하며 손끝으로 다리를 눌렀을 때 탄력이 있는 것을 고르세요. 배에 삼각형 모양이 넓은 것은 암게이고 뾰족한 삼각 모양은 수게인데, 봄에는 알이 꽉 찬 암게, 가을에는 수게가 맛있어요.

손질하기 솔을 이용하여 껍질 구석구석 깨끗이 문질러 씻어준 뒤 배 쪽의 삼각형 부분에 엄지손가락을 넣어 들어 올리면 등딱지가 떼어져요 아가미는 손이나 가위로 모두 떼어내고 가위를 이용하여 발의 끝부분을 잘라내요. 집게 발은 단단해서 먹기가 불편하기 때문에 조리 전에 칼등을 이용해 살살 두들겨 연하게 해주면 먹기도 편하고 간도 잘 배요 또 등딱지 속의 모래주머니를 제거해야 지근거리지 않아요

❹ 조개류

고르기 조개류는 껍질이 단단하고 껍질에 광택이 있어 파르스름한 빛이 도는 것, 입이 벌어져 있지 않고 두드렸을 때 속살이 움츠러드는 것이 좋아요.

손질하기 깨끗이 씻어 체에 밭친 후 소금물에 넣어 신문지나 쿠킹포일을 덮거나 어두운 곳에 반나절 담가둬요 도중에 소금물이 많이 더러워지면 새로운 소금물로 다시 해감을 토하게 해요 조리 직전 바락바락 씻어 사용해요

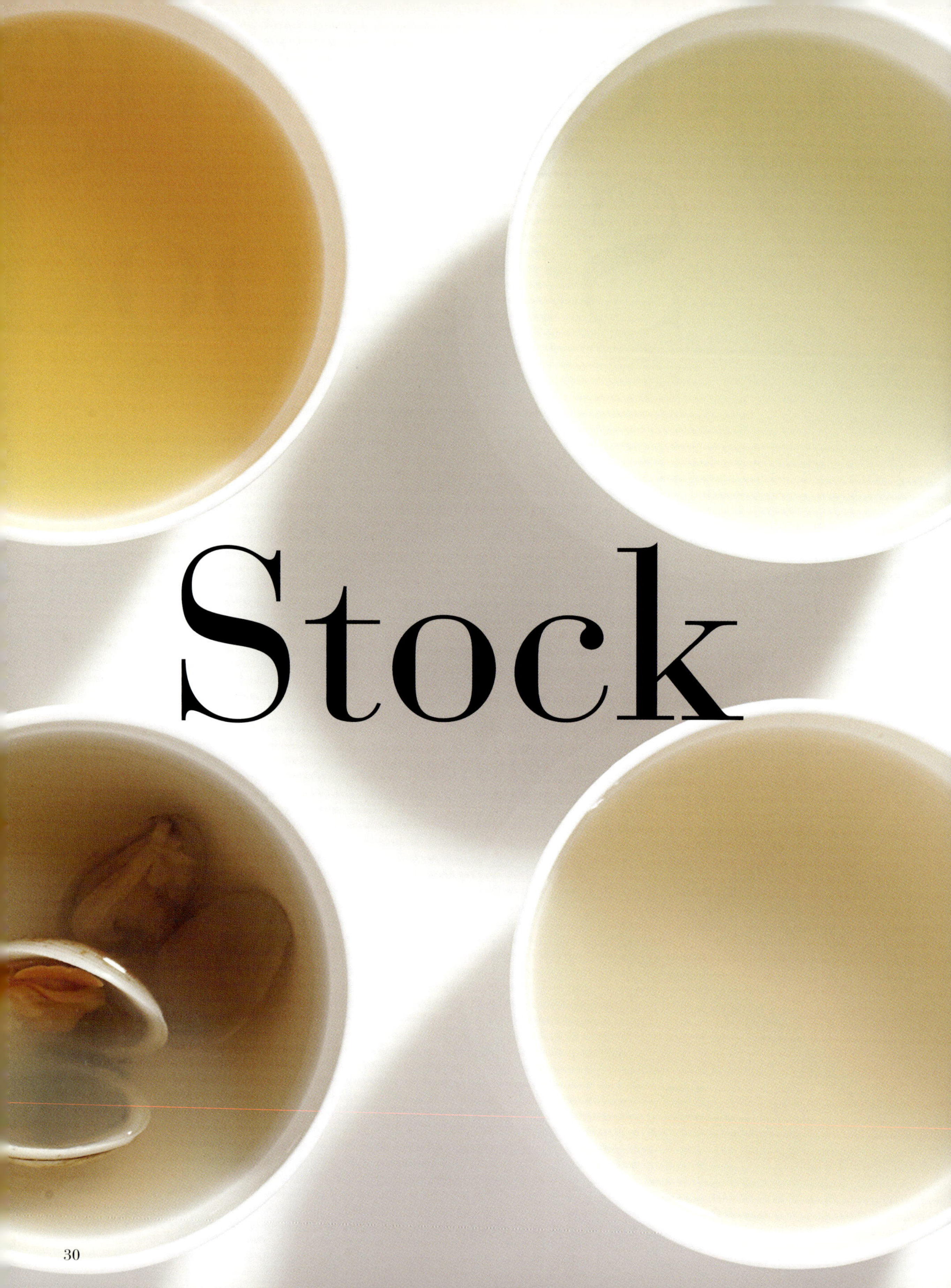

Stock

맛의 기본이 되는 육수 내기

처음 요리를 시작할 때 맛있는 음식을 만들고 싶어서 셰프에게 물어봤죠 "셰프, 정말 맛있는 음식을
만들려면 어떻게 해야 돼요?" 그러자 셰프는 제게 "육수를 잘 만들면 돼. 맛있는 육수는 맛있는 음식을 만드는
지름길이야!"라고 말씀하셨어요. 요리 생활을 하면서 셰프의 뜻에 깊이 공감할 수 있었어요. 맛있는 육수는
요리의 깊은 맛을 내는 필수 요소라는 것을요.
육수는 고기나 뼈를 장시간 끓여서 맛있는 성분이 충분히 우러나도록 해야 해요. 동시에 잡냄새를 없애고 향긋한
맛을 더해주기 위해 향신채소(대파, 양파, 당근, 셀러리, 파슬리줄기, 통후추 등)를 넣어주면 좋아요.
시간이 없다면 육수를 한꺼번에 끓여 냉동 보관해 놓고 필요할 때마다 꺼내 사용하면 편리해요.

멸치다시마육수

멸치다시마육수는 우리나라 국물요리의
기본이에요. 된장국이나 국수 등 다양한
곳에 사용 가능해요.

재료

물(7컵), 다시마(1장=5×5cm),
멸치(10마리), 무(1토막)

1 물에 다시마를 넣고,
2 무는 슬라이스하고, 멸치는 반으로 갈
　라 내장을 제거하고,
3 냄비에 멸치를 넣고 탁탁 소리가 날
　때까지 볶아 비린 맛을 제거하고,
4 다시마 우린 물과 무를 넣어 중간 불
　에서 끓여 마무리.

닭육수

닭육수는 서양요리의 기본이에요. 저는
보통 살은 발라내서 요리에 사용하고 남
은 뼈로 닭육수를 내요.

재료

닭(1마리), 물(20컵=4리터)
양파(1개), 당근($\frac{1}{2}$개), 셀러리(1대),
마늘(3쪽), 월계수잎(1장),
통후추(10알)

1 깨끗이 씻은 닭을 냄비에 넣고 닭이
　잠길 정도의 물을 부어 약한 불로
　끓이고,
2 물이 끓으면 닭을 건져 찬물에 씻어
　불순물을 제거하고,
3 냄비에 닭과 물(20컵), 채소를 넣고
　중간 불에서 끓으면 약한 불로 줄여 1
　시간 동안 끓이고,
　중간 중간 불순물을 걷어내야 육수가
　깔끔해요.
4 체 위에 젖은 면포를 얹어 육수를 맑
　게 걸러내 마무리.
　젖은 면포는 불순물을 제거하는 데 도
　움이 돼요.

고기육수

전골이나 육개장은 물론 해물탕을 끓일
때 넣어주면 좋아요. 고기육수가 해물의
부족한 맛을 살려주거든요.

재료

쇠고기 양지나 사태(600g),
물(20컵=4리터), 통마늘(5쪽),
대파 흰 부분(2대), 무(1토막),
통후추(10말)

1 쇠고기는 물에 담가 핏물을 제거하고,
2 냄비에 쇠고기와 물을 넣고 중간 불에

가열하다가 끓으면 통마늘, 파, 무를
넣어 약한 불로 1시간 정도 끓이고,
3 체 위에 젖은 면포를 얹어 육수를 맑
　게 걸러내 마무리.
　젖은 면포는 불순물을 제거하는데 도
　움이 돼요.

조개육수

조개육수는 국수 요리나 봉골레 파스타
에 주로 사용하는데요. 화이트소스가 들
어가는 요리에 넣어도 좋아요.

재료

바지락(3컵), 물(10컵=2리터),
양파($\frac{1}{4}$개), 파슬리(5줄기), 셀러리($\frac{1}{2}$대),
통후추(5알), 페페론치노(5개)

1 바지락은 옅은 소금물에 담가 해감한
　후 찬물에 헹구고,
2 냄비에 조개와 모든 재료를 함께 담아
　중간 불로 끓이고, 중간 불에서 끓으
　면 약한 불로 줄여 1시간 동안 끓이고,
　중간 중간 불순물을 걷어내야 육수가
　깔끔해요.
3 체 위에 젖은 면포를 얹어 육수를 맑
　게 걸러내 마무리.
　젖은 면포는 불순물을 제거하는 데 도
　움이 돼요.

Olivia's

똑같은 음식이라도 레스토랑에서 나오는 음식과 집에서 만드는 음식이 달라 보이는 것은
'가니쉬'라고 불리는 장식 때문이에요.
가니쉬란 완성된 음식 위에 다른 식재료로 장식하는 것을 말해요. 물론 음식의 맛도 더 살려주죠.
어렵게 느껴지지만 집에서 김치 볶음밥을 만들 때 통깨를 뿌리거나 김을 뿌리는 것도 가니쉬랍니다.
집에서도 이 가니쉬를 다루는 아주 사소한 차이로 레스토랑 음식처럼 만들 수 있어요.
어떤 음식에라도 고추나 잣을 살짝 얹어주면 더 먹음직스러워 보이고 채 썬 파나 깻잎을 높게 얹으면
보기에도 좋고 맛도 고소하죠. 또 파슬리가루나 치즈가루, 후춧가루 등을
접시에 전체적으로 솔솔 뿌려주면 근사한 작품처럼 보여요!
저는 크림소스나 디저트를 담은 플레이트에는 레몬이나 라임제스트를 뿌려요. 향긋하고 상큼한 향이
느끼한 맛을 없애주면서 색과 맛을 좋게 해주거든요.

Secret Salt

올리비아의 비법솔트

장식용으로 쓰는 비법솔트(소금)는 제가 미슐랭3스타 레스토랑에서 쓰던
비법인데, 질 좋은 소금(천일염)에 잘게 썬 차이브(차이브가 없으면 실파),
굵게 빻은 흰 후추를 섞어 만들었어요.
이 비법솔트는 완성된 요리에 뿌려졌어요. 음식에 간도 배고 색감도
은은하게 있어 보기에도 좋았죠. 몇 년 전 여러 색과 맛의 다양한 소금을
사용하는 것이 유행인 적도 있었는데요. 사실 레몬껍질이나, 오렌지껍질,
올리브, 파슬리, 허브 등 다양한 맛의 소금을 누구든 만들 수 있답니다.
거의 모든 요리에 장식으로 사용가능하고, 맛도 더 풍성해져요. 저는 흰
후추보다 후추 향을 더 잘 느낄 수 있는 흑 후추를 즐겨 사용해요.

비법솔트 만드는 법 = 소금5 : 다진 통후추1 : 다진 실파1 : 레몬 껍질1

비법솔트만큼 맛있는 비법생강술

청하 한 병에 다진 생강 2큰술을 넣어 냉장고에 보관하면 요리 맛을
깔끔하게 만들어주는 비법생강술이 탄생합니다. 미림, 맛술, 생강
대신 사용가능하고, 조금씩 더 넣어줘도 좋아요. 야채를
볶을 때 나는 풋내를 없애주고, 생선과 육류의 비린내와
잡내를 잡아주니 어떤 요리에나 아낌없이 사용하세요.
특히 해물탕이나 고기 볶음에 넣어주면 정말 좋아요

서양식에서는 허브나 어린잎채소를 튀기거나 드레싱에 무쳐서 가니쉬로 많이 사용해요. 가니쉬는 일종의
모양내기이므로 재료를 따로 구입하기보다는 그 요리에 들어간 재료를 활용하는 것이 더 좋아요. 이 음식에
무엇이 들어갔는지 가니쉬로 힌트를 주는 거죠. 물론 가니쉬는 음식의 풍미를 더해주기도 한답니다.

Garnish

1 바질

향긋하고 달콤한 향의 바질은 약간의 매콤한
맛도 지니고 있어요. 토마토소스를 만들 때는
이 바질을 꼭 넣어줘야 제대로 맛을 낼 수 있죠. 저는
특별히 작고 예쁜 잎을 골라 튀기거나 생으로 음식에 올려내요.
못생기거나 크기가 큰 잎은 얇게 슬라이스하거나 다져서
사용하고요. 생선 요리 가니쉬로 사용하면 좋아요.

2 타임

스테이크나 생선을 구울 때 함께 넣어주면 비린 맛을 없애주고
향긋한 향을 내줘요. 토마토, 데미글라스, 발사믹 등 다양한
소스를 만들 때 사용해도 좋고요. 장식으로 올려도 근사해요.

3 어린잎채소

요즘은 쉽게 마트나 시장에서 구할 수 있는 작은 채소인데
요리 위에 올리기만 해도 근사해 보여요. 물론 맛 또한 어떤
음식과 함께 먹어도 잘 어울려요.

4 핑크 페퍼콘

검은 후추가 완전히 익으면 핑크 페퍼콘이 돼요.
붉은색의 핑크 페퍼콘은 통째로 사용하는데 입에 넣으면
달짝지근해요. 끝에 가서야 톡 쏘는 후추 맛이 나는데 맛도
은은하고 모양도 화려해서 가니쉬로 사용하기 좋아요.

5 레몬밤

레몬과 유사하면서도 달달한 향이 참 좋아요. 샐러드에 넣어
먹을 수 있고 샐러드드레싱에 넣어도 좋아요. 브라운소스나
화이트소스가 들어간 요리, 생선 요리에 잘 어울려요.

6 래디시

무의 일종인 래디시는 둥근 모양에 겉은
붉고 속은 하얀색인데 매콤하면서 상큼해요.
얇게 슬라이스해서 얼음물에 담가놓으면
아삭해지고 모양도 예뻐요.

7 **물냉이**

물가에서 자라고 냉이같이 생겨 물냉이라고 불러요. 매콤한
맛이 나서 해산물 요리나 고기 요리, 어떤 요리에도 잘 어울려요.

8 **견과류**

피스타치오, 아몬드, 호두, 피칸 등
견과류를 구워서 샐러드나 수프,
고기, 생선에 곁들이면 고소할 뿐만
아니라 맛을 더 풍부하게 해줘요.

9 **셔빌**

허브 중 어느 음식이나 가리지 않고
가니쉬로 올릴 수 있는 허브예요.
초록색의 무언가를 올려 예쁘게 장식하고 싶은데
고민이 된다면 주저하지 말고 셔빌을 사용하세요.

10 **로즈마리**

집에서도 쉽게 키울 수 있는 허브 중 하나인 로즈마리는

돼지고기나 닭고기에 잘 어울려요. 육류를 재울 때 사용하면
육질이 연해져요.

11 **고수**

중국, 베트남, 태국 요리에 많이 사용되는 고수는 샐러드나
국수양념, 가니쉬에 많이 사용돼요. 독특한 향 때문에 싫어하는
사람들도 있지만 그 향의 매력에 빠지면 헤어날 수 없어요.

12 **식용꽃**

식용꽃은 다양한 향과 맛을 가지고 있어요. 보기에도 예쁘고
유럽에 있을 때 고급 레스토랑에서 가니쉬로 정말 많이
사용했답니다.

13 **비타민**

새싹채소로 샐러드에 많이 사용되지만 매콤한 해산물이나
고기 요리에 잘 어울려요. 아삭아삭한 식감과 모양도
탐스러워요.

우리나라 음식에서는 가니쉬를 고명이라고 말해요. 음식의 모양을 좋게 하기 위해 음식 위에 뿌리거나 얹는 것을
말하는데요. 정갈한 우리 음식에 채소를 채 썰어 올리면 좋은 고명이 돼요. 이때 곱게 채 써는 것이 중요하답니다.
마늘, 양파, 파, 고추, 생강은 한 묶음 구입했다가 시들어 버리는 양도 꽤 많잖아요. 이제부터는 가니쉬에
이 재료들을 사용해보세요! 우리에게 친숙한 재료들이 멋진 음식으로 변신시켜준답니다.

Garnish

❶ 파
얇게 채 썰어 얼음물에 담갔다가 고명으로 사용해요. 튀김,
육류 요리에 잘 어울려요.

❷ 대추
살만 돌려 깎아 밀대로 밀어 편 후 채 썰거나, 돌돌 말아
꽃모양을 내 고명으로 사용합니다. 대추의 단맛이 좋아요.
샐러드, 죽, 스콘 속재료 등에 어울려요.

❸ 잣
영양이 풍부하고 고소한 잣은 제가 두바이에 있으면서 더욱
사랑하게 되었어요. 살짝 구우면 더욱더 고소해져서 샐러드나
소스, 나물에 사용해도 맛있어요.

❹ 실파
뿌리를 자르고 겉잎을 벗겨 깨끗이 씻어 송송 썰거나 길이로
잘라 사용하면 보기도 좋고 맛도 잘 어울려요.

❺ 마늘
살짝 삶아 오븐에서 구워 사용해도 되고, 얇게 슬라이스해서
물에 담가 물기를 제거한 후 한번 튀겨서 가니쉬로
사용하세요. 향긋하고 바삭한 식감이 좋고 모양도
근사해요.

❻ 깨
거의 모든 한국요리에 마지막으로
뿌려주는 깨는 고소한 맛이 좋아요.

⑦ 생강

생강은 간장이나 식초가 들어가는 요리에 잘 어울리는데 얇게
채를 썰어 찬물에 담가 놓았다가 사용하거나 기름에 바삭하게
튀겨 사용하면 특유의 향이 풍미를 살려줘요 초절임을 해서
먹어도 좋고요

⑧ 고추

빨간 고추를 가늘게 채 썰어 얼음물에
담갔다가 고명으로 올려주면
동글동글하게 말아지죠 또
소복하게 음식에 올려주면
색감도 좋고 매콤해서 곁들여
먹기에도 좋아요.

⑨ 쑥갓

쑥갓은 나물이나 쌈채소로도 사용하는데 매운탕, 전골, 국수
등에 올려내면 국물 맛도 시원해지고 보기에도 좋아요.

⑩ 실고추

실고추는 고추를 얇게 썰어 말린 것인데 간편하게 사용할 수
있어요 나물이나 국수, 김치나 생선찜등에 사용하면 좋아요

속이 따뜻하고 편해지는 한 접시

White

새우크림 리소토

스페인의 '빠에야'가 볶음밥에 가깝다면 리소토는 우리나라 죽과 비슷하죠
주로 파르메산치즈를 넣어 만드는데 치즈에 염분이 있어서 간 조절을 잘해야 한답니다.
스위스 유학 시절 스브린츠(sbrinz, 스위스 3대 치즈 중 하나)를 사다가 만들곤 했는데
지금도 속 부대끼지 않게 든든히 먹고 싶은 날 야들야들한 새우를 넣어 요리해요

Ingredients

주재료 타이거 새우(6마리), 양파($\frac{1}{4}$개), 불린 쌀(2컵), 파르메산치즈가루(3)

불린 쌀을 사용해야 더 촉촉하고 요리하기 쉬워요.

부재료 닭육수(3컵), 생크림(2), 버터(1)

양념 다진 마늘(0.5), 소금(약간), 후춧가루(약간)

가니쉬 트러플오일(1), 물냉이(1줌), 비법솔트(약간), 파르메산치즈가루(약간)

향이 좋은 트러플오일은 송로버섯오일을 말해요. 올리브유나 레몬오일을 넣어도 상큼해요

Recipe

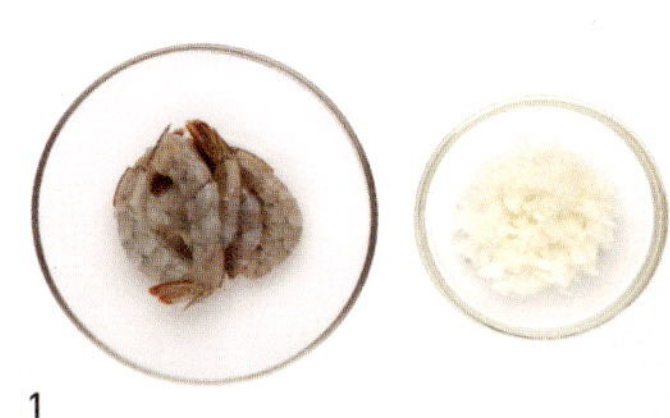

1

새우는 껍질을 벗겨 내장을 제거하고 양파는 잘게 다지고,

새우 대신 버섯을 넣으면 베지테리언도 좋아한답니다.

2

달군 팬에 올리브유(1)를 두르고 양파를 넣어 투명해질 때까지 볶다가 다진 마늘과 새우를 넣어 볶은 뒤 새우는 꺼내 그릇에 담아 두고,

미리 볶아 놓으면 새우 본연의 맛을 살릴 수 있고 그 팬에 요리해야 새우 향을 살릴 수 있어요.

3

불린 쌀을 넣고 쌀이 투명해질 때까지 저어가며 볶다가 쌀에서 고소한 냄새가 나면 닭육수(1컵)를 넣어 볶고,

닭육수가 없으면 새우 머리와 껍질을 물에 넣고 통후추, 파와 함께 살짝 끓여내 새우육수를 만들어 사용하세요.

Chef's Advice

리소토는 파스타와 같이 알덴테(Al dente)로 만드는 것이 중요해요. 가운데 작은 심지가 있는 정도로 요리하면 쌀을 꼭꼭 씹으면서 소화 작용을 돕는답니다.

4

육수가 스며들면 나머지 육수를 조금씩 넣어가며 젓다가 걸쭉해지면 새우와 생크림을 넣어 섞고 끓으면 불을 끄고 파르메산치즈가루와 버터를 넣고 소금, 후춧가루로 간을 하고,

닭육수를 한 번에 넣으면 쌀이 육수를 금방 흡수해 맛이 없어지기 때문에 육수를 조금씩 넣으며 자주 저어주세요.

5

접시에 담아 파르메산치즈가루를 제외한 **가니쉬**를 올리고 접시 전체에 치즈를 솔솔 뿌려 마무리.

새콤달콤한 발사믹크림을 소스로 사용해 보세요.

새우 완탕

스위스 호텔학교 유학시절 호텔이 집이고 학교면서 일터였죠. 당시 홍콩 룸메이트가 쉬는 날마다
만두를 잔뜩 빚어서 냉동고에 보관했다가 조금씩 꺼내 찌고 굽고 다양하게 요리를 하더라고요. 그때 그 친구가 만들어준
새우 완탕을 저도 자주 해먹곤 한답니다. 새우살이 오도독 씹히면서 시원한 국물맛이 일품이에요.

Ingredients

주재료 실파(2대), 부추(½줌 = 15g), 만두피(8장), 닭육수(5컵)

완자소 재료 새우(2컵, 200g) + 소금(0.2) + 전분(1) + 생강술(0.5) + 참기름(0.5)

새우는 살만 발라 사용하세요.

양념 참치액(0.3), 멸치액젓(0.5), 참기름(0.5), 소금(약간), 후춧가루(약간)

Recipe

실파와 부추는 잘게 송송 썰고,

완자소 재료를 블렌더에 넣어 곱게 갈고,

새우의 씹는 맛을 느끼려면 칼로 직접 다져
주세요! 새우 대신 오징어나 닭고기를 넣어
도 좋아요

만두피는 밀대로 얇게 밀고,

시판용 만두피도 다시 한 번 얇게 밀어주면
식감도 좋아지고 속재료의 맛을 진하게 느
낄 수 있어요

만두피에 완자소를 넣어 빚고,

만두피에 완자소를 올리고 엄지와 검지를
오므리며 주름을 잡아 꽃모양을 만들어주
세요.

닭육수를 냄비에 넣고 끓으면 완자를 넣
고 중간 불에서 5분간 끓인 뒤 **양념**을 넣
고 한 번 더 끓이고,

닭육수 대신 멸치육수나 쇠고기육수를,
참치액 대신 까나리액젓을 사용해도 좋
아요.

그릇에 담고 실파와 부추를 넣어 마무리.

쑥갓을 넣으면 향긋하고 모양도 근사해
져요

삼계죽

두바이 호텔 키친에서 근무할 때 16시간씩 일을 하다 보니 체력이 자주 고갈되었어요
날씨는 왜 이리 후덥지근한지, 땀도 많이 흘렸죠. 그때 보신용으로 자주 만들었던 것이 인삼차를 넣은 삼계죽이었답니다.
인삼이나 황기 등을 구하기도 어려워 선물용으로 가져온 인삼차와 색색의 채소를 넣어 부드럽게 끓여 만들었죠
저뿐만 아니라 각국에서 온 동료들도 무척 좋아했던 기억이 새록새록 나네요

주재료 닭다리(2개), 불린 찹쌀(2컵), 양파($\frac{1}{4}$개), 당근($\frac{1}{4}$개), 쪽파(3대)

육수 재료 황기(1뿌리), 인삼차 (1봉), 대추(2알), 헛개(2조각)

인삼차를 사용하면 간편하면서도 맛이 쓰지 않고 향을 잘 내준답니다.

양념 소금(약간), 후춧가루(약간), 참기름(약간)

가니쉬 실파(약간), 깨소금(약간), 건대추 슬라이스(약간)

Recipe

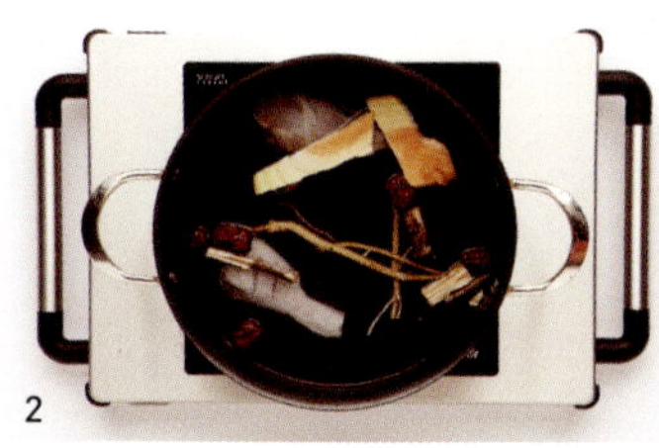

닭다리는 깨끗이 손질해 1cm 간격으로 칼집을 넣고,

쫄깃쫄깃한 식감을 즐기려면 닭다리를, 담백한 맛을 즐기려면 닭가슴살을 사용하세요.

냄비에 **육수 재료**와 물(10컵), 닭다리를 넣고 끓이다가 육수의 양이 반으로 줄면 불을 끄고 체에 거르고,

황기 대신 인삼이나 수삼을 넣어도 좋아요.

닭을 꺼내 겉이 마르지 않게 쿠킹포일로 덮어 따뜻하게 보관하고,

이렇게 해두면 육즙이 빠져나오지도 않고 고기가 단단해지지 않아요.

냄비에 불린 찹쌀과 체에 거른 육수를 넣고 센 불에 올려 끓으면 약한 불로 줄여 10분간 끓이고,

중간 중간 냄비에 눌어붙지 않도록 나무주걱을 사용해 저어주세요.

양파, 당근, 쪽파는 곱게 다지고, 닭다리는 살을 발라 결대로 곱게 찢고,

채소와 닭다리살을 냄비에 넣고 약한 불에서 5분간 더 끓여 **양념**을 넣어 간한 뒤 그릇에 담고 **가니쉬**를 얹어 마무리.

Chef's Advice

취향에 따라 닭육수를 가감할 수 있어요. 저는 몸이 안 좋을 때에는 닭육수를 조금 더 넣어 부드럽게 먹고, 몸보신용으로 먹을 땐 질지 않게 먹는답니다.

명란 오차즈케

스무 살 뉴욕에서 유학 생활을 할 때 일본 친구들이 많았어요. 그중 쇼헤이라는 동갑내기 친구와 가장 친했는데,
하루는 제가 첫사랑에 실패하고 기숙사 방에서 혼자 서럽게 울고 있는 걸 보고, 그 친구가 명란 오차즈케를 만들어 주었답니다.
간단하면서도 투박한 그 음식은 마음을 따뜻하게 해주었고, 그 뒤로 쇼헤이와는 베스트 프렌드가 되었지요
아직도 눈물, 콧물 흘리며 먹었던, 친구 쇼헤이의 명란 오차즈케가 생각이 나네요.

Ingredients

주재료 명란젓(2개), 밥(2공기)

차재료 녹차잎(0.7), 현미녹차티백(2봉), 메밀차가루(2)

양념 참기름(2), 와사비(0.5)

가니쉬 김(½장), 실파(2대), 후리가케(2)

Recipe

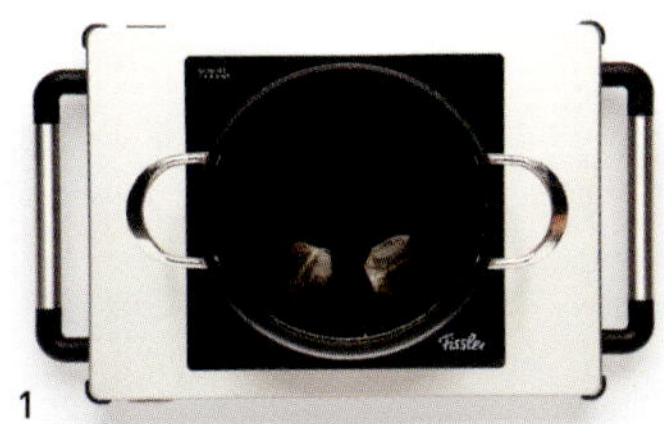

1

70℃ 정도로 따뜻하게 끓인 물(5컵)에 녹차잎과 현미녹차티백을 넣어 찻물을 우려낸 다음 메밀차가루를 넣어 구수한 맛을 살리고,

녹차를 우릴 때 물의 온도는 70~80℃가 좋아요.

2

명란젓은 양념을 씻어낸 뒤 물기를 제거하고, 김은 가위로 가늘게 썰고, 실파는 송송 썰고,

김에 물이 튀지 않도록 주의하세요.

3

달군 팬에 참기름(2)을 두르고 명란젓을 중간 불에서 굴려가며 1분간 구워 꺼내고,

명란젓 가운데가 살짝 덜 익은 미디엄 정도로 구워주세요.

4

밥 위에 따끈한 찻물을 붓고 구운 명란젓과 와사비, 가니쉬를 얹어 마무리.

Chef's Advice

후리가케는 각종 말린 채소와 말린 멸치 등을 섞어 만든 일본식 조미료로 주먹밥 만들 때나 유부초밥 등에 사용할 수 있어요.

크림 파스타(까르보나라)

프랑스 레스토랑에서 처음 근무할 때 말하지도 듣지도 보지도 못하는 3고를 겪었어요.
그때 리카르도(Ricardo)라는 이탈리아 친구만 저랑 영어로 대화해 주고 많이 도와줬죠.
아마도 같은 이방인이라는 공통점 때문이었나 봐요. 그 친구는 근무가 끝나면 항상 파스타를 만들어 줬어요.
간단한 재료로 만드는데도 부드러운 크림소스와 꼬들꼬들한 파스타, 거칠지만 매콤한 후추가 어우러져 맛이 아주 좋았어요.

Ingredients

주재료 링귀니(200g), 양파($\frac{1}{4}$ 개), 마늘(2쪽), 베이컨(3줄)

두툼한 베이컨일 경우 1줄을 사용해주세요. 베이컨 대신 해산물을 넣어도 좋아요

부재료 파슬리(1줄기), 화이트와인(2)

소스 달걀노른자(1개)+생크림(2컵)+파르메산치즈가루(2)+소금(약간)+후춧가루(약간)

양념 소금(약간), 파슬리가루(약간), 으깬 통후추(약간)

가니쉬 물냉이(1줌)+레몬오일(1)+소금(약간)+후춧가루(약간)

Recipe

끓는 물(10컵)에 소금(1), 올리브유(1), 링귀니를 넣어 7분간 삶고,

양파는 잘게 다지고, 마늘은 얇게 썰고, 베이컨은 먹기 좋은 크기로 자르고,

양송이 버섯, 느타리 버섯도 잘 어울려요.

소스를 거품기로 잘 섞고,

시판 크림소스로 대체할 수 있어요.

달군 팬에 올리브유(1)를 두르고 다진 양파와 마늘을 볶다가 베이컨을 넣어 노릇하게 볶은 뒤 파슬리 줄기도 넣어 향을 내고 화이트와인을 뿌려 센 불에서 알코올을 날리고,

삶은 링귀니와 소스를 차례로 넣어 잘 섞고 소금으로 간한 뒤 불을 꺼 파슬리 줄기는 꺼내고,

접시에 담고 **가니쉬**를 올린 뒤 파슬리가루와 으깬 통후추를 뿌려 마무리.

손님을 맞이할 땐 다양한 모양의 파스타로 믹스&매치하면 근사해진답니다.

Chef's Advice

까르보나라의 까르보(Carbone)는 석탄이라는 의미예요. 결정이 있는 후추를 뿌려 먹으면서 이런 이름이 붙었는데, 크림소스 특유의 느끼한 맛을 칼칼한 후추가 잡아 준답니다. 후추 대신 크림소스와 환상의 짝꿍, 레몬제스트를 뿌려도 좋아요.

맑은 버섯전골

다양한 버섯과 채소를 넣고 끓인 맑은 전골은 근사하면서도 간편하게 준비할 수 있는 요리입니다.
저는 교수님이나 귀한 분들을 초대할 때 만드는데요. 담백하고 깔끔한 국물 맛이 버섯 향과 잘 어우러져서 속이 따뜻해져요.
시원한 국물 맛이 일품인 버섯전골은 손님맞이용, 부담 없는 한 끼 식사로도 그만이에요!

Ingredients

주재료 애느타리버섯(2송이), 표고버섯(3개), 새송이버섯(2개), 백일송이버섯(1줌)

부재료 쪽파(2대), 미나리(½줌), 붉은고추(1개), 쇠고기 우둔살(150g), 당면(70g), 쇠고기육수(5컵)

쇠고기 양념장 설탕(0.3) + 국간장(0.5) + 다진 파(0.3) + 다진 마늘(0.3) + 참기름(0.3) + 후춧가루(약간)

양념 국간장(1), 소금(0.5)

Recipe

1

버섯은 채 썰고, 쪽파와 미나리는 먹기 좋게 다듬고, 붉은고추는 반으로 잘라 씨를 제거한 뒤 쪽파와 같은 길이로 채 썰고,

2

쇠고기는 키친타월에 올려 핏물을 제거한 뒤 **쇠고기 양념장**에 5분간 재워두고, 당면은 찬물에 담가 불리고,

쇠고기 대신에 닭고기나 두부로 대체할 수 있어요.

3

전골냄비에 모든 재료를 보기 좋게 돌려 담은 뒤 쇠고기육수를 붓고,

쇠고기육수 대신 다시마 2조각을 우린 물을 넣어도 좋아요.

4

센 불에서 5분간 끓인 뒤 중간 불로 줄여 10분간 끓이고, 국간장과 소금으로 간하고 2분 더 끓여 마무리.

오래 끓이지 않아야 버섯 고유의 향을 느낄 수 있어요.

맑은 생태탕

저희 집은 일 년에 제사만 9번이 넘는 대가족의 장남집이에요. 제사 때마다 친척들이 모이면
대접하는 음식이 맑은 생태탕인데요. 멸치다시마육수를 내서 싱싱한 생태와 무를 넣어 맑게 탕을 끓이면 다들 무척 좋아하시죠.
통통한 생태 살도 일품이지만 시원한 국물에 밥을 말아 먹으면 속도 풀리고 최고랍니다.

Ingredients

주재료 생태(1마리)

부재료 무(1토막), 배추(2장), 붉은고추(1개), 청양고추(1개), 대파($\frac{1}{2}$대), 미나리(1줌), 두부($\frac{1}{4}$모), 멸치다시마육수(7컵)

양념 굵은 소금(2), 생강즙(0.5), 청주(1), 국간장(1), 소금(약간), 후춧가루(약간)

Recipe

1

생태는 굵은 소금을 뿌려 10분간 재운
뒤 끓는 물을 끼얹고 바로 찬물을 뿌려
식히고,

생태가 더 쫄깃해져요.

2

무는 나박 썰고, 배추도 무와 비슷한 크
기로 썰고, 고추와 대파는 어슷 썰고, 미
나리는 5cm 길이로 썰고, 두부는 먹기
좋은 크기로 썰고,

3

멸치다시마육수에 생강즙과 청주, 무를
넣고 끓이고,

4

무가 익으면 생태와 배추를 넣고 끓이고,

신선한 조개를 갖고 있다면 같이 넣어주세
요. 더 시원한 국물을 맛볼 수 있어요.

5

육수가 다시 끓어오르면 고추, 대파, 두
부를 넣고 중간 불에서 끓이고, 생태가
익으면 미나리를 넣어 가볍게 끓이고, 국
간장, 소금, 후춧가루로 간하여 마무리.

지라시스시

대학원 공부를 시작하면서 주말엔 도서관에 가는데, 혼자 밥 사 먹는 것이 싫어서 도시락을 만들어 다녀요.
그중 지라시스시는 제 단골 메뉴랍니다. 냉장고에 있는 어떤 것이든 재료가 될 수 있어요.
단촛물을 넉넉히 만들어 놓고, 고슬고슬 지은 밥과 각종 재료를 단촛물에 재워 올려내면 끝이거든요!
아주 쉽게 근사하고 맛있는 도시락을 만들어 보세요!

Ingredients

주재료 연근(⅓개), 새우(8마리), 마른 표고버섯(4개), 오이(1개), 게맛살(2개), 달걀(2개), 따뜻한 밥(3공기)

단촛물 설탕(3)+식초(6)+물(4)

버섯 양념 다시마육수(1컵)+설탕(1.5)+간장(2)+맛술(1)

다시마육수는 물(1컵)에 다시마(1장=5×5cm)를 담가 만들어요

달걀 양념 설탕(0.5)+소금(0.2)+청주(0.3)

양념 식초(2), 소금(1)

Recipe

1

연근은 껍질을 벗겨 얇게 썰고, 새우는 내장과 머리를 떼고, 마른 표고버섯은 미지근한 물에 불려 밑동을 떼고 물기를 짜고,

2

냄비에 물(2컵)과 식초(2)를 넣어 끓으면 연근을 담가 2분간 끓인 뒤 건져서 **단촛물**(2)에 20분간 담갔다 물기를 짜고,

3

연근 끓인 물에 새우를 넣어 빨갛게 익으면 건져내 반으로 자르고 **단촛물**(2)에 담가 20분간 재우고,

4

다른 냄비에 표고버섯과 **버섯 양념**을 뚜껑을 덮어 국물이 없어질 때까지 졸인 뒤 식혀 채 썰고,

5

게맛살은 잘게 찢고, 오이는 곱게 채 썰어 연한 소금물(물1컵+소금1)에 10분간 담근 뒤 물기를 꼭 짜고,

6

달걀은 **달걀 양념**을 넣고 풀어 체에 내리고, 약한 불로 달군 팬에 식용유를 두르고 지단을 부쳐 꺼낸 뒤 식으면 채 썰고,

7

따뜻한 밥에 **단촛물**(3)을 넣어 잘 섞고, 꼭 따뜻한 밥을 사용하세요!

8

연근과 표고버섯을 섞어 밥 위에 올리고, 나머지 재료도 보기 좋게 얹어 마무리.

Chef's Advice

지라시스시는 우리나라 비빔밥처럼 전부 섞지 않고 2~3번 떠먹을 정도만 섞는 것이 특징입니다. 재료를 작게 썰어 올리거나 섞으면 지라시스시, 큼직하게 썬 재료를 올리면 바라스시라고 부른답니다. 높이가 있는 둥근 쿠키틀을 사용하면 예쁘게 담을 수 있어요.

모둠 버섯밥

다양하고 맛있는 버섯을 이용하여 밥을 지은 후 달래 양념장에 비벼 먹는 요리입니다.
미슐랭 3스타 레스토랑 근무 시절, 가을엔 송이버섯을 하루에 열 상자씩 다듬었답니다. 다듬고 남은 송이버섯 자투리를 가지고
버섯밥을 만들어 실파를 송송 썰어 넣은 간장 양념장에 비벼 먹곤 했는데 잠시나마 한국 음식이 그립던 시간을 잘 이겨낼 수 있었어요
구하기 쉬운 버섯을 이용하여 손쉽고 맛있는 밥을 지어보세요

Ingredients

주재료 마른 표고버섯(2개), 미니새송이버섯(15개), 백일송이버섯(1줌), 팽이버섯($\frac{1}{4}$봉지), 불린 쌀(2컵)

버섯은 구하기 쉬운 버섯이나 취향에 따라 종류별로 골라 사용하세요

부재료 은행(10알), 다시마(1장=5×5cm)

양념 참기름(1)

양념장 깨소금(0.5)+간장(1)+참기름(0.5)+송송 썬 달래(약간)

달래는 특유의 향이 좋아요. 쪽파나 조선부추, 실파로 대체 가능해요.

Recipe

1

마른 표고버섯은 미지근한 물에 30분간 불려 건진 뒤 슬라이스하고, 미니새송이 버섯과 백일송이버섯은 먹기 좋게 썰고, 팽이버섯은 밑동을 자르고,

표고버섯 불린 물(1$\frac{1}{2}$컵)은 따로 두세요. 마 른 표고버섯은 생 표고버섯보다 비타민 C 가 더 풍부하고 깊은 향과 감칠맛을 내준답니다.

2

달군 팬에 식용유(1)를 두르고 은행을 살짝 볶아 꺼낸 뒤 키친타월에 올려 살 살 비벼 껍질을 제거하고,

3

돌솥 바닥에 참기름(1)을 고루 바르고 불린 쌀(1컵)과 손질해 놓은 버섯의 반 을 넣은 뒤 남은 쌀(1컵)과 버섯을 켜켜 이 쌓아 올리고,

쌀과 버섯이 골고루 섞이게 하기 위해서예요. 참기름은 밥이 솥 바닥에 눌어붙는 것을 막 아주고 고소함도 더해줘요.

4

은행과 다시마를 얹고 표고버섯 불린 물 (1$\frac{1}{2}$컵)을 붓고,

5

센 불에서 물기가 없어질 때까지 끓인 뒤 뚜껑을 덮고 약한 불로 줄여 5분간 더 끓이고 불을 꺼 5분간 뜸을 들이고,

6

양념장을 섞어 밥과 곁들여 마무리.

해물 누룽지탕

누룽지탕은 맛있는 소리와 함께 먹을 수 있는 훌륭한 초대용 요리입니다.
바로 튀긴 누룽지와 뜨거운 소스가 만나면 군침 도는 하모니가 들리죠! 하지만 미리 튀겨 놓은 누룽지를 사용하면 이런 소리가
들리지 않아요. 소스를 만들면서 기름을 달궈 놓고 소스를 거의 완성할 즈음에 누룽지를 튀겨내야 굿 타이밍이에요!

Ingredients

주재료 갑오징어(¼마리), 새우(6마리), 관자(2개), 찹쌀누룽지(4조각)

오징어는 몸통만 사용하고 다리는 생선찌개나 매운탕을 끓일 때 넣으세요.

부재료 마늘(1쪽), 생강(1쪽), 대파(⅓대), 청경채(1개), 표고버섯(2개), 죽순 (2개), 닭육수(3컵)

소스 간장(1)+생강술(2)+굴소스(2)+후춧가루(약간)

녹말물 녹말(1)+물(3)

양념 참기름(0.5)

Recipe

1

2

3

마늘은 얇게 썰고, 생강은 채 썰고, 대파는 반으로 갈라 4cm로 썰고, 청경채도 4cm로 썰고, 표고버섯과 죽순은 모양을 살려 얇게 썰고,

갑오징어는 사선으로 칼집을 넣어 4cm로 썰고, 새우는 내장을 제거하고, 관자는 먹기 좋게 슬라이스하고,

센 불로 달군 팬에 식용유(1)를 두르고 대파, 마늘, 생강을 5초간 볶아 향을 내고, 죽순, 표고버섯을 넣어 5초간 더 볶고,

4

5

6

소스와 준비한 재료를 모두 넣어 6초간 볶다가 닭육수를 부어 끓이고,

누룽지를 튀길 식용유를 달구세요.

녹말물을 넣어 농도를 맞춘 다음 참기름을 넣고,

180℃로 달군 식용유(5컵)에 누룽지를 재빨리 튀겨 건지고,

누룽지는 고온에서 빨리 튀겨야 바삭해요.

7

그릇에 담고 소스를 끼얹어 마무리.

Chef's Advice

해산물과 채소는 너무 오래 볶으면 질겨지고 맛도 빠지기 때문에 살짝만 볶아야 신선한 맛을 그대로 느낄 수 있어요. 중국음식은 센 불에서 조리하는 것이 기본! 센 불에서 단시간에 볶아야 채소와 해산물이 가진 맛과 색, 향이 살아난답니다.

프렌치 어니언 수프

제가 다닌 스위스 호텔 요리학교는 미국 요리학교 Johnson&wales university와 자매결연이 되어 있었어요
미국 친구들이 한 달간 스위스에 왔을 때 때마침 '블랙박스 요리 경연대회'가 열렸어요! 상자 속에 들어 있는 재료로 요리를 하는
대회인데요. 대회 직전까지 그 재료를 알 수 없죠. 그때 주어진 재료는 스위스의 대표 치즈 에멘탈과 양파 등이었어요.
저는 경쟁심에 불타 열심히 프렌치 어니언 수프를 만들었답니다. 그래서 결과는 어떻게 되었냐고요?
당당히 1등을 차지한 프렌치 어니언 수프의 레시피가 궁금하지 않으세요?

주재료 양파(2개), 박력분(1), 닭육수(7컵), 포트와인(3)

부재료 바게트(6조각), 에멘탈치즈가루($\frac{1}{2}$컵)

에멘탈치즈 덩어리를 갈아서 사용해도 됩니다. 큰 바게트는 4조각만 사용하세요.

양념 버터(1), 소금(약간), 후춧가루(약간), 후추(약간), 파슬리가루(약간)

Recipe

1

양파는 반으로 자른 뒤 얇게 슬라이스해 낱낱이 흩어 두고,

낱낱이 흩어줘야 양파를 볶을 때 골고루 볶아져 캐러멜라이즈가 돼요.

2

중간 불로 달군 팬에 버터를 녹이고 양파를 넣어 숨이 죽을 때까지 볶아 소금, 후춧가루로 간하고, 양파가 갈색으로 변하면 박력분을 넣어 잘 저어가며 섞고,

양파가 갈색이 될 때까지 볶아야 양파의 깊은 맛과 단맛이 납니다!

3

닭육수를 붓고 센 불에서 나무주걱으로 저어가며 끓이다 포트와인을 붓고 약한 불로 줄여 소금, 후춧가루로 간해가며 끓이고,

포트와인이 없으면 레드와인이나 브랜디를 넣어도 좋아요.

끓이며 생기는 거품과 불순물은 걷어주세요!

4

양파 수프를 그릇에 담고 바게트와 에멘탈 치즈가루를 얹은 뒤 180℃로 예열한 오븐에 5분간 구워 꺼낸 뒤, 후추와 파슬리가루를 뿌려 마무리.

명란젓 비빔밥

저는 어릴 때부터 젓갈을 좋아했어요. 건강을 우선시하시는 엄마는 짠 음식을 주지 않으려 하셨는데,
제가 워낙 좋아하니 젓갈을 잘게 다지고 양파, 당근 등의 채소와 참기름을 섞어 짠맛을 없애 주시곤 했어요.
그래서 저는 지금도 명란젓에 갖은 채소와 고소한 참기름을 넣어 자주 먹는답니다.

Ingredients

주재료 명란젓(2개), 밥(2공기)

부재료 양파($\frac{1}{2}$개), 오이($\frac{1}{2}$개), 깻잎(6장)

양념 깨소금(0.2), 다진 쪽파(1), 다진 마늘(0.5), 참기름(2)

Recipe

1

양파는 얇게 채 썰어 찬물에 담가 매운 맛을 제거하고,

2

오이는 껍질을 벗긴 뒤 반으로 잘라 씨를 제거하고 얇게 어슷 썰고, 깻잎도 얇게 채 썰고,

3

명란젓은 1cm 길이로 썰어 **양념**을 넣어 섞고,

4

그릇에 밥을 담고 재료를 모두 얹어 마무리.

김가루를 뿌려주면 더 고소하고 맛있어요!

봉골레 스파게티

이탈리아 요리 기행 중 요리사 친구 리카르도의 집에 초대받았어요. 알고 보니 리카르도는 3대가 요리하는,
그 지방에서 꽤 유명한 식당의 손자더라고요. 그의 할머니가 직접 파스타면을 반죽해 봉골레 파스타를 만들어주셨는데
쫀득쫀득하면서도 싱싱한 모시조개가 정말 맛있었어요. 또 주키니호박을 넣은 게 인상적이었는데 색감도 좋고 맛도
잘 어울리더라고요. 그 매콤 짭조름한 맛에 반해 다음날 일정을 취소하고 요리를 배웠답니다.

애호박을 넣어 더 맛있고 특별한 봉골레 스파게티를 꼭 맛보세요!

Ingredients

주재료 모시조개(200g), 애호박($\frac{1}{3}$개), 마늘(5쪽), 스파게티(200g), 화이트와인($\frac{1}{2}$컵), 페페론치노(5개)

양념 소금(약간), 후춧가루(약간), 다진 파슬리(약간)

Recipe

1

모시조개는 해감해서 씻은 뒤 체에 밭쳐 물기를 제거하고,

파스타 삶을 물을 미리 끓이면 조리시간이 줄어든답니다.

2

애호박은 소금으로 문질러 깨끗이 씻어 눈썹모양으로 채 썰고, 마늘은 슬라이스 하고,

3

냄비에 물(10컵)과 소금(2), 올리브유(1)를 넣어 끓으면 스파게티를 넣어 7분간 알덴테로 삶고,

4

팬에 올리브유(1)를 두르고 마늘을 넣어 약한 불에서 타지 않게 볶고,

5

모시조개를 넣고 탁탁 소리가 나면 화이트와인을 넣고 중간 불에서 조개가 입을 벌릴 때까지 볶다가 애호박을 넣고,

6

삶은 스파게티와 페페론치노를 넣어 센 불에서 1분간 볶은 뒤 소금, 후춧가루, 다진 파슬리를 넣고 마무리.

마지막에 올리브유를 약간 넣어서 면에 윤기를 주세요! 보기도 좋은 요리가 맛도 좋답니다.

굴솥밥

겨울에 새벽 수산시장에 가면 껍질을 반만 벗겨 놓은 굴을 큰 상자에 1~2만 원에 구입할 수 있어요
저는 석화를 한 상자씩 주문해서 친한 지인들을 초대해 파티를 하곤 해요 화이트와인 한잔에 신선한 굴과
상큼한 레몬드레싱을 곁들여 시작하고, 돌솥이나 작은 가마솥에 굴밥을 하여 양념장에 비벼 먹는 것으로 마무리하죠
신선한 재료 한 가지로 푸짐하게, 그리고 맛있게 파티를 기획해 보세요
만들기도 쉽고 맛있게 먹는 사람들의 모습에 행복해진답니다.

Ingredients

주재료 쌀(1½컵), 생굴(1컵＝150g)

부재료 무(1토막)

양념 참기름(1)

양념장 송송 썬 쪽파(2대)＋설탕(0.1)＋간장(3)＋물(2)＋다진 마늘(0.2)
＋참기름(1)＋통깨(0.2)

Recipe

1

쌀은 깨끗이 씻어 30분 정도 불린 뒤 체에 밭쳐 물기를 제거하고,

쌀을 불리면 쌀에 수분이 차서 더 맛있어요. 쌀을 불릴 시간이 없다면 물 양을 1.2배로 조절하세요

2

무는 채 썰어 소금(1)에 10분간 절인 뒤 물기를 꼭 짜고, 굴은 소금물에 흔들어 씻은 뒤 체에 밭쳐 물기를 제거하고,

절인 무를 꼭 짜지 않으면 밥이 질어져요.

3

냄비에 참기름을 바르고 불린 쌀 → 무 → 불린 쌀 → 무 순으로 넣은 뒤 물(1⅓컵)을 붓고 센 불로 끓이고,

4

끓기 시작하면 중간 불로 줄여 10분간 더 끓인 뒤 생굴을 넣고 뚜껑을 덮어 약한 불에서 5분간 끓이고,

5

불을 끄고 뜸을 들인 뒤 주걱으로 고루 섞고 양념장을 곁들여 마무리.

명란젓 아게다시도후

한번 튀긴 두부를 달짝지근한 국물과 같이 먹는데 이때 명란젓을 넣어 간을 맞춰주면
더 시원한 육수의 맛을 느낄 수 있어요 두부 역시 한번 튀겨냈기 때문에 부서지지 않아 깔끔해요
저는 아주 추운 겨울이나 비가 오는 날 따끈한 음식이 먹고 싶을 때 만들어 먹어요.

Ingredients

주재료 두부($\frac{1}{2}$개), 녹말(4)

육수 재료 다시마(1장), 가다랭이포(5g), 설탕(0.4), 간장(4), 맛술(2), 생강즙(0.3)

부재료 표고버섯(2장), 실파(2대), 명란젓(1개), 곱게 간 무(1), 채 썬 김(약간)

Recipe

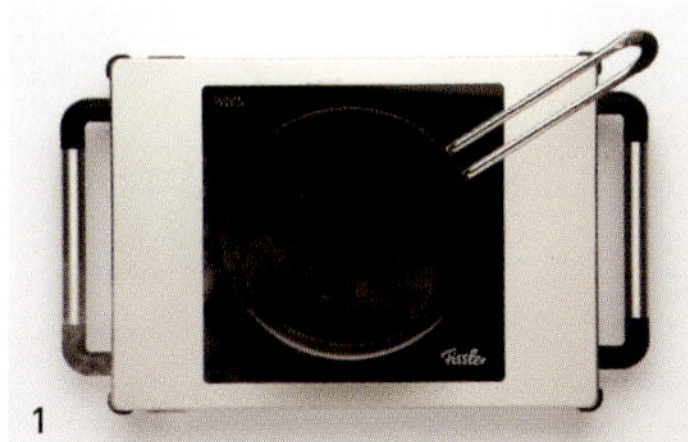

냄비에 물(7컵)을 붓고 다시마를 넣어 끓으면 다시마를 건져낸 뒤 약한 불로 줄여 나머지 육수 재료를 넣고 끓으면 불을 끄고 5분 후 체에 거르고,

표고버섯은 기둥을 잘라내 슬라이스하고, 실파는 잘게 썰고, 명란젓도 먹기 좋게 썰고,

두부는 먹기 좋게 썰어 키친타월로 눌러 물기를 제거한 뒤 녹말을 묻히고,

두부를 전자레인지에 1분간 데우면 수분이 빠져서 튀기기 편해요.

180℃로 달군 식용유(3컵)에 두부를 바삭하게 튀겨 그릇에 담고,

체에 잠시 놔둬 기름을 쏘옥 빼줘야 느끼하지 않아요.

냄비에 만들어 둔 육수를 넣고 끓으면 표고버섯을 넣고 중간 불로 줄여 명란젓을 넣어 간을 해가며 끓이고,

두부가 담긴 그릇에 육수를 붓고 실파, 곱게 간 무, 채 썬 김을 얹어 마무리.

썰어놓은 명란젓일부를 예쁘게 얹어주세요.

꽃게 새우탕 칼국수

저는 봄이나 가을 수산시장에 가서 꽃게를 잔뜩 사서 간장게장을 담그기도 하고, 매운탕을 끓이기도 하고,
각종 해물들과 같이 칼국수를 끓여 먹기도 해요 칼국수는 아빠가 무척 좋아하셔서 반죽을 직접 만들어 해물과 같이 끓여드리는데,
엄마가 하시는 것보다 더 맛있다나요? 각종 해물로 칼국수를 만들어 보세요 저처럼 간단하고 쉽게요

Ingredients

주재료 꽃게(1마리), 새우(6마리), 모시조개(6개), 붉은고추(1개), 쪽파(2대), 쑥갓(약간), 칼국수면(100g)
육수 재료 가쓰오부시(1줌=20g), 다시마(1장=10×10cm), 간장(1), 된장(2), 소금(1)

Recipe

1

냄비에 물(7컵)을 붓고 다시마를 넣어 물이 끓으면 다시마를 건지고 약한 불로 줄여 가쓰오부시를 넣어 1분간 끓여 체에 거르고, 간장, 된장, 소금을 넣어 간을 하고,

2

꽃게는 깨끗이 씻어 다듬고, 새우는 내장을 제거하고, 모시조개는 해감하고,

3

붉은고추와 쪽파는 잘게 썰고, 쑥갓은 줄기를 제거하고,

4

끓는 물에 칼국수를 넣어 2분간 끓여 건지고,

한 번 끓여내면 텁텁한 맛이 사라져 깔끔한 맛이 나요.

5

냄비에 육수, 꽃게, 새우, 모시조개를 넣고 센 불에서 끓으면 중간 불로 줄여 5분간 더 끓이고, 칼국수, 붉은고추를 넣어 1분간 끓인 뒤 쪽파와 쑥갓을 얹어 마무리.

와인 홍합찜

유럽 사람들은 와인을 이용한 홍합찜을 즐겨 먹는데요 한국인의 입맛에도 아주 잘 맞는답니다.
저도 겨울이 되면 홍합을 한가득 사서 화이트와인과 즐겨 먹는데요.
겨울철 홍합은 통통하고 가격도 저렴한데다가 구수한 육수를 내기 때문에 최고의 재료가 될 수 있어요.

Ingredients

주재료 홍합(500g), 토마토(1개), 화이트와인(1컵)

홍합 대신에 가리비나 모시조개, 대합 등 여러 조개를 이용해도 좋아요.

부재료 마늘(2쪽), 양파(½개), 청양고추(1개), 붉은고추(½개), 페페론치노(5개), 타임(1줄기)

양념 소금(약간), 후춧가루(약간)

Recipe

1

홍합은 바락바락 문질러 깨끗이 씻어 수염을 제거하고,

홍합은 입을 벌리지 않은 싱싱한 것을 구입하는 것이 가장 중요해요.

2

마늘은 얇게 썰고, 양파는 1cm 크기로 깍둑 썰고, 청양고추와 붉은고추는 씨를 제거한 뒤 잘게 썰고,

3

토마토는 뾰족한 부분에 십자(+) 모양으로 칼집을 넣은 뒤 끓는 물에 10초간 담갔다 건져 껍질을 벗기고 사방 1cm 크기로 깍둑 썰고,

4

냄비에 올리브유(1)를 두르고 마늘과 양파, 페페론치노를 넣어 향이 나도록 20초간 볶고,

5

홍합을 넣어 30초간 볶다가 화이트와인을 넣고 끓여 알코올 성분이 날아가면 뚜껑을 덮고 2분 정도 약한 불에서 끓이고,

6

토마토, 청양고추, 붉은고추, 타임을 넣어 1분간 더 끓인 뒤 불을 끄고 소금, 후춧가루로 간해서 마무리.

간단 스키야키

샤브샤브가 끓는 육수에 재료를 담가 살짝 익혀 먹는 것이라면 스키야키는
팬에 간장소스와 육수를 조금씩 부어가며 재료를 촉촉하게 구운 후 신선한 노른자에 찍어 먹는 것이 특징이에요.
소스와 육수만 충분하면 샤브샤브처럼 어떤 재료든 좋아하는 것을 골라 계속 구워 먹을 수 있답니다.
전 집에서도 간단하게 만들 수 있도록 볶음 우동처럼 재료와 소스를 한꺼번에 볶는 스타일로 변형해서 만들어요!

주재료 차돌박이(200g), 우동면(200g)

부재료 배추(2장), 양파($\frac{1}{4}$개), 표고버섯(1개), 대파 흰 부분(1대, 15cm), 곤약($\frac{1}{3}$개), 청피망($\frac{1}{4}$개), 홍피망($\frac{1}{4}$개), 우엉(5cm),
연근($\frac{1}{3}$토막), 달걀노른자(2개)

육수재료 다시마(5×5cm, 5장), 가쓰오부시(1줌)

간장소스 간장($\frac{1}{3}$컵)+맛술($\frac{1}{2}$컵)+청주($\frac{1}{4}$컵)+다시마(5×5cm, 3장)+마른고추(3개)+설탕(1)+통후추($\frac{1}{2}$)

Recipe

냄비에 물(3컵)과 다시마를 넣고 끓기
시작하면 가쓰오부시를 넣어 불을 끄고
5분 후 체에 걸러 육수를 만들고,

냄비에 **간장소스** 재료를 넣고 중간 불에
서 끓으면 약한 불로 줄여 5분간 졸인 뒤
불을 끄고 체에 거르고,

간장소스는 넉넉히 만들어 냉장고에 보관
해두고 볶음요리를 할 때 활용해보세요.

배추는 5cm 크기로 썰고, 양파와 표고버
섯은 슬라이스하고, 대파는 5cm로 자르
고, 곤약은 2.5cm로 자르고, 피망은 모양
을 살려 슬라이스하고,

석쇠가 있다면 대파를 살짝 구워 향을 내주
세요. 풍미가 더욱 좋아져요.

연근과 우엉은 얇게 썰어 식초(1)를 넣
은 물에 담가두고,

갈변을 막아줘요.

끓는 물에 우동면을 넣어 30초간 살짝
데쳐 물기를 제거하고,

팬에 차돌박이를 넣어 굽다가 소스와 육
수를 조금씩 넣어가며 간을 맞추고,
준비한 채소를 넣어 볶은 뒤 우동면을
넣고 볶아 달걀노른자를 얹어 마무리.

스키야키는 샤브샤브처럼 육수에 담가 먹
는 것이 아니라 재료를 구우면서 소스와 육
수를 조금씩 넣어 간을 맞춰 먹는 게 포인
트예요!

면 요리의 정석

음식을 먹을 때 곁들이는 새콤달콤 짭조름한 사이드 메뉴는 만들기도 쉽고 누구나 좋아해서 칭찬 받기
딱 좋아요. 간장 피클물이나 피클 양념에 재료만 섞으면 끝! 냉장고에 넣어두면 맛있게 익어가서 그때그때
꺼내 먹을 수 있어요. 한 접시 요리와 환상의 궁합을 이루는 초간단 사이드 메뉴를 소개합니다.

스파게티 (7분)

어떤 파스타면이든 삶을 때 물이
바닷물처럼 짜야 면에 간이 잘 배요.
물 10 : 파스타 1 : 소금 0.1 :
올리브유 0.1 비율을 기억하세요.
스파게티가 100g일 때 물 1리터, 소금
한 스푼, 올리브유 한 스푼을 넣으면
돼요. 면은 살짝 심지가 살아 있는
알덴테(Al dente, 씹을 때 단단한 느낌이
나는) 상태로 삶아야 면을 꼭꼭 씹게
되어서 소화가 잘된답니다!

1 냄비에 물과 소금을 넣어 끓으면 올리
   브유를 넣고,
2 스파게티를 비틀어서 넣어 끓이고,
3 중간 중간 면이 달라붙지 않게 젓가락
   으로 저으면서 7분간 끓여 마무리.
   파스타 요리는 면과 소스를 동시에 완성
   시켜 바로 섞어 먹는 것이 최상이지만,
   만약 면이 먼저 완성되었다면 올리브유
   를 살짝 뿌리고 넓은 냄비에 펼쳐서 서
   로 달라붙지 않게 해주세요. 삶은 파스
   타는 절대 물에 헹구면 안 돼요.

소면 & 메밀면 (3분)

국수는 쫄깃쫄깃하게 삶는 것이
포인트예요. 파스타 삶을 때와 같이 국수
100g당 1리터의 물이 필요해요. 그래야
온도도 유지되고 서로 들러붙는 것도
막을 수 있거든요.

1 냄비에 물을 넣고 끓으면 소면을 부채
   모양으로 펼쳐 넣고,
2 끓어 넘치지 않도록 중간 중간 찬물을
   조금씩 부어가며 3분간 끓이고,
   찬물을 넣으면 면발이 쫄깃해져요.
3 찬물에 재빨리 헹궈 국수 표면의
   전분기를 씻어내어 마무리.

칼국수면 & 생면 (3분)

생면은 '젖은 국수'라고도 하는데
면끼리 들러붙지 않게 하기 위해서
표면에 밀가루를 많이 뿌려둬요. 하지만
밀가루가 많으면 국물이 텁텁해지죠.
그래서 삶기 전에 손으로 비비면서

가루를 털어내고 흔들어 펼치듯이 넣어
삶아야 해요. 또한 건면에 비해 끓일 때
물이 잘 넘치기 때문에 중간에 찬물을
더 자주 넣어줘야 해요. 냄비 밑에
눌어붙기도 쉬우니까 젓가락으로도
자주 저어주세요.

우동면 (1분)

반 건조된 우동면은 보관상 시큼한
냄새가 나기 때문에 끓는 물에 데쳐
사용하세요.

면은 동그랗게 말자

삶은 후 찬물에 헹궈 식힌 면은
왼손으로 잡고 오른손 두 번째, 세 번째
손가락 사이에 끼워 돌돌 말아주세요.
손가락을 살살 빼면서 접시에 살짝
놓으면 1인분 분량이 만들어져요.
뜨거운 면은 젓가락 두 개를 이용해서
돌돌 말 수 있어요. 젓가락 두 개에 감긴
면을 젓가락 하나를 빼서 접시에 놓은
후에 나머지 젓가락을 빼면 완성됩니다.
처음부터 쉽지는 않지만 자꾸 연습하고
만들다 보면 요령이 생겨요! 최대한 한
번에 완성시켜 재빨리 내야 음식이 식지
않아 맛있게 즐길 수 있어요

면이 먼저, 소스와 가니쉬는 나중에

팬에 든 소스와 면을 그냥 그릇에 붓게
되면 세련된 느낌이 안 들어요. 면을
먼저 그릇에 놓고 소스를 끼얹듯 살살
부은 다음 새우나 버섯 등의 재료를
올려주세요. 그리고 마지막으로
가니쉬를 얹으면 보기에도 근사해지죠.
아주 사소하지만 효과가 큰 방법이니
오늘부터 꼭 써먹어 보세요!

스트레스는 날아가고 입맛은 돌아오는 한 접시

Red

스파이시 해물 스튜

저는 어린 시절부터 친구들을 집에 불러 맛있는 음식을 해주는 것을 정말 좋아했어요
외국 생활을 할 때도 "올리비아랑 친구가 되면 맛있는 것을 먹을 수 있다!" 라는 소문이 돌 정도였죠
전 싱싱한 해산물을 사다가 해물 스튜를 만들어 친구들에게 대접하곤 했어요 바게트나 치아바타를 곁들여 내면
훌륭한 한 끼 식사가 되죠 토마토소스만 있으면 간단하게 만들 수 있어요!

Ingredients

주재료 새우(6마리), 오징어($\frac{1}{2}$마리), 모시조개(10개), 홍합(10개), 조개육수(2컵)

부재료 마늘(2쪽), 양파($\frac{1}{4}$개), 페페론치노(6개), 화이트와인($\frac{1}{4}$컵)

양념 토마토소스(1컵), 소금(약간), 후춧가루(약간), 다진 파슬리(약간)

가니쉬 돌나물(1줌)

Recipe

새우는 내장을 제거하고, 오징어는 링 모
양을 살려 1cm 두께로 썰고, 모시조개와
홍합은 옅은 소금물에 담가 어두운 곳에
두어 해감하고,

마늘은 슬라이스하고, 양파는 1cm 크기
로 썰고,

팬에 올리브유(2)를 두르고 마늘과 양
파를 넣어 투명해질 때까지 볶다가 페페
론치노, 오징어, 새우, 홍합, 모시조개 순
으로 넣고 센 불에서 1분간 볶고,

화이트와인을 넣고 알코올을 날린 뒤 뚜
껑을 덮고 조개가 입을 벌리면 토마토소
스를 넣고 1분간 볶고,

조개육수를 넣고 1분간 더 끓여 소금, 후
춧가루로 간을 한 뒤 **가니쉬**를 얹고 다
진 파슬리를 뿌려 마무리.

스튜에 누룽지를 넣고 같이 끓여 먹어도 맛
있고, 밥을 비벼 먹어도 좋아요.

Chef's Advice

더 맛있는 토마토소스를 먹고 싶다면 직접 만들어서 사용해보세요.
(p.124 토마토소스 참고)

오징어 덮밥

저 역시 중고등학교 보충 수업시간에 소위 말하는 땡땡이(!)를 쳤어요. 다른 친구들이 그 시간에 주로 놀러 다녔다면
저는 집에 오는 것을 좋아했어요. 요리하는 것이 즐거웠거든요. 땡땡이를 치는 날은 오징어 덮밥을 자주 해먹었어요.
쉽고 또 왜 그리 맛있던지, 지금까지 질리지가 않아요. 특히 입맛이 없을 때 만들어 먹으면
매콤한 양념이 금세 입맛을 돋워준답니다. 지금도 입 안에 침이 고이네요!

Ingredients

주재료 오징어(1마리), 밥(2공기)

부재료 풋고추($\frac{1}{2}$개), 붉은고추($\frac{1}{2}$개), 양파($\frac{1}{2}$개), 쪽파(2대), 상추(5장), 깻잎(10장)

양념 고추기름(1), 소금(약간), 후춧가루(약간)

양념장 설탕(1)+깨소금(0.5)+고춧가루(0.5)+생강술(1)+참치액젓(0.5)+다진 마늘(0.3)+고추장(1.5)+참기름(0.5)

Recipe

고추는 어슷 썰고 찬물에 담가 씨를 제거한 뒤 물기를 제거하고, 양파와 쪽파는 작게 썰고, 상추와 깻잎은 겹겹이 쌓고 돌돌 말아 얇게 썰고,

오징어는 먹기 좋은 크기로 썰고,

양념장은 잘 섞어 두고,

양념장을 넣으면 팬이 쉽게 타기 때문에 불 조절에 주의해야 해요.

센 불로 달군 팬에 고추기름을 두르고 양파를 볶아 향을 낸 뒤 오징어를 넣어 10초간 볶다가 양념장을 넣고,

고추를 넣은 뒤 불을 줄여 소금, 후춧가루로 간해가며 볶아 쪽파를 뿌린 뒤 불을 끄고,

접시에 밥을 담고 오징어볶음을 올리고 상추와 깻잎으로 장식해 마무리.

밥 대신 우동 면을 사용해도 맛있어요.

Chef's Advice

- 덮밥으로 먹을 밥은 고슬고슬하게 지어주는 것이 좋아요. 마지막에 참기름 한 방울을 떨어뜨리면 풍미와 윤기가 살아나요.
- 삼겹살과 오징어를 넣은 오삼불고기 덮밥을 만들 때에는 고추장 양념장에 미리 삼겹살을 재우고 고기를 먼저 볶다가 오징어, 채소 순으로 넣어 조리하면 됩니다.

순두부찌개

제가 가장 잘 만드는 요리 중 하나가 순두부찌개예요 매콤하고 시원한 국물에 부드러운 순두부를 넣어
한소끔 끓여내면 기가 막히게 맛이 좋아요. 제 비법은 무와 돼지고기를 잘게 썰어 넣고 굴을 넣는 것인데요
무와 굴이 시원한 맛을 내주고 돼지고기가 고소한 맛과 풍미를 더해주어 국물이 끝내준답니다.

레시피 그대로 한번 만들어 보세요.
기가 막히게 맛있을 거예요.

Ingredients

주재료 다진 돼지고기(50g), 굴(1컵), 순두부(1봉지=150g), 달걀(1개)

부재료 풋고추($\frac{1}{2}$개), 붉은고추($\frac{1}{2}$개), 쪽파(2대), 무($\frac{1}{4}$토막)

양념 고추기름(1), 다진 마늘(0.3), 고춧가루(1.5), 국간장(1), 소금(약간), 후춧가루(약간)

Recipe

1

돼지고기는 키친타월에 올려 핏물을 제거하고, 굴은 소금물에 흔들어 깨끗이 씻고,

2

고추는 씨를 제거해 어슷 썰고, 쪽파는 먹기 좋게 썰고, 무는 작게 깍뚝 썰고,

송송 썬 쪽파를 사용해도 좋아요.

3

냄비에 고추기름을 두르고 다진 마늘과 돼지고기를 넣어 중간 불에서 1분간 볶다가 무와 고춧가루를 넣어 잘 섞고,

돼지고기는 해산물의 부족한 맛을 채우면서 깊은 맛을 더해주지만 가볍게 먹고 싶다면 생략해도 괜찮아요.

4

국간장과 물(4컵)을 넣어 센 불에서 끓이고,

5

팔팔 끓으면 굴을 넣고 중간 불로 줄인 뒤 1분간 더 끓이고,

굴 대신 조개를 사용해도 좋습니다.

6

순두부, 고추, 달걀을 순서대로 넣고 2분간 더 끓인 후 소금, 후춧가루로 간을 하고 쪽파를 넣어 마무리.

순두부는 오래 끓이면 부드러운 맛이 없어지므로 마지막에 넣고 잠깐만 끓이세요.

양념 꼬막 비빔밥

저는 식재료를 찾아 여행을 많이 다녀요. 많은 곳 중에서도 맛있는 것이 넘쳐나는 남도 여행을 제일 좋아해요.
특히 벌교는 꼬막정식이 참 유명하죠. 꼬막을 이용해 전, 무침 등 다양한 요리법으로 한상 거하게 차려주는데 그중에 꼬막 비빔밥이
한 끼로 적당하고 맛있어서 저도 잘 해먹어요. 싱싱한 꼬막을 알맞게 익혀 매콤 새콤한 양념장에 버무린 뒤
각종 채소랑 비벼 먹으면 맛이 일품이지요. 참고로 벌교 근처 고흥에서는 유자가, 그 옆 고성군은 참다래가 유명합니다.

Ingredients

주재료 꼬막(500g), 밥(2공기)

부재료 상추(4장), 무순(약간)

양념장 설탕(1)+고춧가루(1)+간장(5)+물(1)+맛술(2)+다진 파(1)+다진 마늘(0.5)+참기름(1)+통깨(0.5)

Recipe

1

꼬막은 해감한 후 굵은 소금을 넣어 박
박 문질러 씻고,

2

끓는 물에 소금(1)을 넣고 꼬막을 넣어
삶다가 입이 벌어지면 재빨리 건져 체에
밭쳐 물기를 제거하고,

3

살만 발라낸 뒤 **양념장**을 넣어 무치고,

4

상추는 깨끗이 씻어 손으로 먹기 좋게
뜯고,

5

뜨거운 밥 위에 상추를 얹고 양념한 꼬
막과 무순을 얹어 마무리.

푸팟퐁 커리

작년 한국과 태국의 문화수교로 태국에 초청받아 요리쇼를 진행하게 되었어요
시설이 취약해서 묵고 있는 호텔의 주방을 빌렸는데 태국 사람들이 정말 나이스하게 많이 도와주었어요
제 요리도 배우고 싶어했고요 그러면서 친해졌는데 행사 마지막 날 저도 헤드 셰프한테 태국 전통 요리 푸팟퐁 커리를 배웠어요
푸팟퐁에서 '푸'는 '게', '팟'은 '볶다'라는 뜻인데 푸팟퐁 커리는 이름 그대로 게를 커리에 볶아낸 요리예요
담백하고 알찬 게살, 부드러운 코코넛크림과 커리의 향, 상큼한 채소가 어우러져 이국적인 맛을 느낄 수 있답니다.

Ingredients

주재료 꽃게(2마리)

부재료 양파($\frac{1}{3}$개), 붉은고추($\frac{1}{2}$개), 쪽파(2대), 셀러리($\frac{1}{2}$대)

밑간 청주(1), 소금(약간), 후춧가루(약간)

반죽 전분(3), 달걀흰자(1개)

커리소스 고추기름(2), 다진 마늘(1), 커리가루(2), 레드커리(1), 닭육수($\frac{1}{2}$컵), 코코넛밀크($\frac{1}{2}$컵), 달걀(1개), 소금(약간), 후춧가루(약간)

가니쉬 어린잎채소(1줌)+올리브유(0.5)+소금(약간)+후춧가루(약간)

Recipe

1

꽃게는 해동해 물기를 뺀 뒤 **밑간**하고, **반죽**은 섞어 만들어 놓고,

싱싱한 게를 사용해 만드는 것이 중요해요.

2

양파는 채 썰고, 고추와 쪽파는 송송 썰고, 셀러리는 어슷 썰고,

3

170℃로 달군 식용유에 반죽을 묻힌 꽃게를 두 번에 걸쳐 튀기고,

4

팬에 고추기름을 두르고 다진 마늘, 양파, 셀러리, 고추, 커리가루와 레드커리 순으로 넣어 볶다가 닭육수를 넣고 끓이고,

5

소스가 끓기 시작하면 코코넛밀크를 넣고 달걀을 풀어 조금씩 넣은 후 소금, 후춧가루로 간하고, 튀긴 게와 쪽파를 넣고 불을 끄고,

달걀을 넣은 후 바로 불을 끄지 않으면 달걀이 단단해져요. 부드럽게 먹는 게 포인트!

6

접시에 옮겨 담아 **가니쉬**를 곁들여 마무리.

미트 소스 파스타

뉴욕에 있을 때 아르바이트로 약 한 달간 베이비시터를 한 적이 있어요.
아이들을 돌보기보다는 같이 놀았다고 하는 게 더 맞을 거예요. 9살 존과 7살 제니였는데 저를 무척이나 잘 따랐어요.
뭐하고 놀까 하다가 요리를 해야겠다고 생각해 냉장고에 있는 토마토소스와 쇠고기, 스파게티를 이용해 미트볼을 만들었어요.
아이들에게 미트볼 모양을 만들라고 하니 너무 좋아하더라고요. 만드는 재미도, 맛도 있는 미트 소스 파스타를 만들어 볼까요?

Ingredients

주재료 스파게티(160g), 미트소스(2컵), 쇠고기육수(1컵)

미트볼 재료 양파($\frac{1}{4}$개), 셀러리($\frac{1}{4}$개), 다진 쇠고기(100g), 다진 돼지고기(50g), 빵가루(1), 소금(약간), 후춧가루(약간)

가니쉬 어린잎채소(1줌)+올리브유(0.5)+소금(약간)+후춧가루(약간)

Recipe

양파와 셀러리는 잘게 다져 약한 불로 달군 마른 팬에 넣고 약한 불에서 투명해질 정도로 살짝 볶아 꺼내 식히고,

식힌 양파와 셀러리를 나머지 **미트볼 재료**와 섞고 끈기가 생기도록 반죽해 지름 3cm 크기로 빚고,

다진 고기는 키친타월에 올려 핏물을 빼주세요! 넛맥가루를 조금 넣어주면 더 좋아요.

팬에 올리브유(1)를 두르고 미트볼을 굴려가며 노릇하게 익혀 꺼낸 뒤 포일로 덮어두고,

미트볼은 타기 쉬우니 중간 불과 약한 불로 번갈아가며 조절해주세요. 오븐이 있다면 170℃로 예열해 10분간 익혀주면 됩니다.

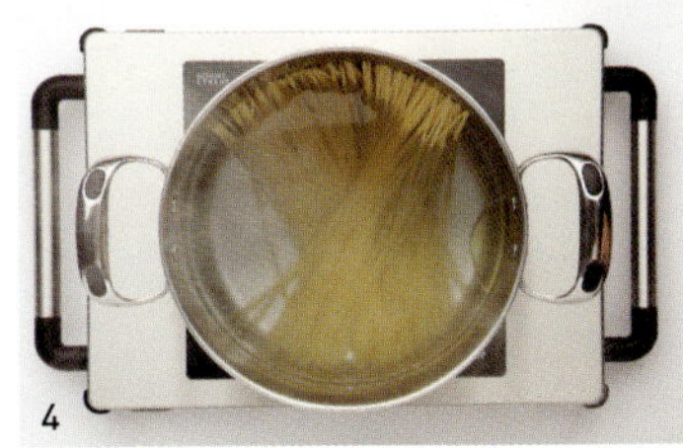

끓는 물에 소금(1)과 올리브유(1)를 넣고 스파게티를 넣어 7분간 알덴테로 삶고 체에 밭쳐 물기를 제거하고,

팬에 미트소스와 쇠고기육수를 넣고 끓기 시작하면 미트볼을 넣고 중간 불에서 2분 정도 간이 배도록 저어가며 끓이다가 스파게티 면을 넣어 20초 정도 끓이고,

육수를 기호에 맞게 조절해 구수하면서도 촉촉하게 만들어주세요.

스파게티 면을 먼저 접시에 담고 미트소스와 미트볼을 올린 뒤 **가니쉬**를 얹어 마무리

골뱅이 초무침

매콤하게 무쳐낸 골뱅이에 채소와 소면을 곁들인 골뱅이 초무침이야말로 최고의 술안주죠?
열심히 일한 후 맥주 한잔이 생각날 때 요깃거리로 아주 그만이랍니다! 요즘 스트레스를 많이 받는다면
오늘은 스트레스를 확 날려줄 골뱅이 초무침을 만들어보세요 스파클링 와인이나 샴페인에도 의외로 잘 어울린답니다.

Ingredients

주재료 통조림 골뱅이(1 캔=250g), 소면(200g)

부재료 양파($\frac{1}{2}$ 개), 대파(1 대), 오이($\frac{1}{2}$ 개), 깻잎(5 장), 풋고추($\frac{1}{2}$ 개), 붉은고추($\frac{1}{2}$ 개)

양념장 설탕(1)+깨소금(1)+고춧가루(1)+식초(3)+생강즙(0.5)+다진 마늘(1)+고추장(3)+물엿(0.5)

Recipe

1 통조림 골뱅이는 물기를 제거하고 먹기 좋은 크기로 썰고,

이때 소면 끓일 물을 올리세요!

2 양파는 1cm로 두께로 썰어 얼음물에 담가 매운맛을 제거하고, 대파는 심지를 제거하고 얇게 채 썰어 얼음물에 담가 돌돌 말리게 하고,

3 오이는 반 갈라 씨를 제거한 뒤 어슷 썰고, 깻잎은 채 썰고, 고추는 씨를 제거해 어슷 썰고,

오이를 좋아하지 않는다면 영양부추나 양배추를 썰어 넣어도 아삭하고 맛있답니다.

4 끓는 물에 소면을 부채꼴 모양으로 넓게 펼쳐 넣어 3분간 삶아 건진 뒤 찬물에 3~4번 헹구고 체에 밭쳐 물기를 빼고,

면을 삶을 때 거품이 생기면 찬물(1컵)을 조금씩 부어주세요. 면이 더욱 쫄깃해진답니다.

5 물기 없는 볼에 파를 제외한 채소와 골뱅이, **양념장**을 넣어 버무리고

6 그릇에 옮겨 담은 뒤 채 썬 파를 얹고 소면을 곁들여 마무리.

Chef's Advice

- 고추장의 텁텁한 맛이 싫다면 고춧가루(4)만 넣어 만드세요!
- 근사한 술안주로 내고 싶다면 북어포를 통조림 국물에 불렸다가 골뱅이 무침에 넣어보세요.

매운 해물 짬뽕

플로리다에 있을 때 매운 음식이 먹고 싶은 거예요 특히 얼큰한 짬뽕이 자꾸 떠올라서
한인타운에서 사 먹었는데 별로 맛이 없었어요 그래서 직접 만들어 보았는데 아주 얼큰한데다 친구들도 아주 맛있게 먹더라고요.
그때부터 짬뽕은 향수병을 앓고 있는 한국 유학생 친구들에게 만들어주는 인기 최고의 음식이 되었어요.
스트레스 많이 받는 날에는 매운 짬뽕 한 그릇이 속을 확 풀어줄 거예요

Ingredients

주재료 양파($\frac{1}{4}$개), 새우(6마리), 오징어($\frac{1}{4}$마리), 돼지고기(50g), 전복(2개), 생면(200g), 닭육수(5컵)

닭육수가 없을 땐 물(5컵)에 다시다(0.5)를 풀어 넣어 사용하세요.

부재료 주키니($\frac{1}{3}$개), 대파($\frac{1}{3}$대), 생강(약간), 부추($\frac{1}{2}$줌), 마른고추(1개), 어린잎채소(약간)

양념 고추기름(2), 두반장(1), 고운 고추가루(1), 간장(0.5), 소금(약간), 후춧가루(약간)

Recipe

양파, 주키니, 대파는 채 썰고, 생강은 얇게 슬라이스하고, 부추는 먹기 좋게 썰고, 마른고추는 어슷 썰어 씨를 털고,

새우는 내장을 제거하고, 오징어와 돼지고기는 채 썰고, 전복은 다듬어 씻고,

홍합이나 소라를 넣어도 맛있지만 위의 재료로도 훌륭한 맛을 낼 수 있어요.

생면은 끓는 물에 넣어 중간 불로 줄여 3분간 삶아 찬물에 씻은 뒤 뜨거운 물에 헹궈 그릇에 담고,

찬물에 깨끗이 씻어야 전분이 빠져 텁텁하지 않고 쫀득한 맛을 낼 수 있어요.

팬에 고추기름을 두르고 대파, 생강, 마른고추를 넣고 센불에 재빨리 볶고,

돼지고기와 양파를 넣어 볶다가 양파가 투명해지면 해산물을 넣어 10초간 볶고, 두반장과 고추가루를 넣어 볶고,

두반장은 중국의 양념중 하나로 콩, 고추, 마늘 등으로 만든 장이에요. 두반장이 없다면 고춧가루만 사용해도 돼요

닭육수를 붓고 부추를 넣어 끓으면 간장과 소금, 후춧가루로 간을 하고,

육수는 넣기 전 끓여서 뜨겁게 사용하면 좋아요.

생면이 담긴 그릇에 붓고 어린잎채소를 얹어 마무리.

제육볶음

처음 뉴욕에 갔을 때 매운 요리가 엄청 그립더라고요 그래서 한국 친구들이 놀러오면
고추장 양념에 돼지고기를 재워 볶아 쌈채소랑 내주곤 했는데 다들 밥 한 공기씩을 뚝딱 하는 거예요
다들 매운 맛이 그리웠나봐요 제육볶음은 쫄깃한 육질의 목살이나 삼겹살을 사용하는 것이 좋아요
우동면이나 소면을 삶아 함께 먹거나 남은 양념장에 참기름과 김을 넣어 밥을 볶아 먹어도 맛있었어요

Ingredients

주재료 돼지고기 목살(200g)

부재료 마늘(2쪽), 양파($\frac{1}{2}$개), 대파($\frac{1}{2}$대), 풋고추(1개), 붉은고추(1개), 쌈채소(적당량)

양념장 설탕(1)+고춧가루(1)+간장(1)+청주(1)+생강즙(0.5)+다진 마늘(0.5)+고추장(2)+물엿(1)
   +참기름(0.5)+소금(약간)+후춧가루(약간)

양념 고추기름(1)

Recipe

1

마늘은 얇게 슬라이스하고, 양파는 채 썰고, 대파와 고추는 어슷 썰고,

2

목살은 먹기 좋은 크기로 썰고,

3

고기에 **양념장**의 절반을 넣고 30분간 재우고,

생강즙이 돼지고기의 누린내를 제거해줘요. 다른 돼지고기 요리에도 응용해보세요.

4

센 불로 달군 팬에 고추기름을 두르고 마늘을 넣어 향을 내고,

5

양념한 고기를 넣어 고기가 어느 정도 익으면 나머지 양념장과 양파, 대파, 고추 순으로 넣어 볶고,

깻잎이나 양배추를 넣어도 좋아요.

6

고기가 완전히 익으면 불을 꺼 그릇에 담고 쌈채소를 곁들여 마무리.

칠리소스 오믈렛

보들보들하게 익힌 달걀 속에 매콤한 칠리소스를 넣어 감싼 별미 브런치입니다. 욕심을 부린다면 모차렐라 치즈를 넣어도 좋겠어요.
미국에서 기숙사 생활을 할 때 아침 식사로 자주 만들어 먹곤 했는데 토핑을 어마어마하게 넣고는 풍미를 좋게 하려고
쭉쭉 늘어나는 치즈까지 넣어 결국 10kg이 쪘다는 웃지 못할 경험도 있습니다. 그만큼 맛있으니까 꼭 도전해보세요!

Ingredients

오믈렛 재료 달걀(6개), 우유(3), 소금(0.2), 후춧가루(약간), 버터(2)

칠리소스 재료 마늘(2개), 양파($\frac{1}{2}$개), 풋고추($\frac{1}{2}$개), 붉은고추($\frac{1}{2}$개), 양송이버섯(5개), 다진 쇠고기(1컵=100g), 소금(약간),
후춧가루(약간), 칠리소스($\frac{2}{3}$컵), 핫소스(0.5), 칠리 플레이크(0.3)

Recipe

1

볼에 달걀, 우유, 소금, 후춧가루를 넣어
잘 섞은 뒤 체에 한번 내리고,

이 음식의 포인트는 달걀을 보들보들하게
익히는 것이니까 꼭 체에 걸러주세요.

2

마늘은 슬라이스하고, 양파와 고추는 다
지고, 양송이버섯은 슬라이스하고,

3

팬에 포도씨유(1)를 두르고 마늘, 양파
를 넣고 볶아 향을 낸 뒤 다진 쇠고기와
양송이버섯을 넣고 소금, 후춧가루로 간
하며 볶고,

4

고추, 칠리소스와 핫소스, 칠리 플레이크
를 넣고 볶아 그릇에 담아두고,

매운맛이 싫다면 칠리 플레이크를 생략하
고 고추 대신에 피망을 넣으세요

5

팬에 버터를 두르고 체에 걸러낸 달걀물
을 부어 젓가락으로 살살 저어가며 넓게
펴 부친 뒤 접시에 옮겨 담고,

중간 불에서 익히다 약한 불로 줄여 마무리
하는 것이 좋아요.

6

만들어둔 칠리소스를 올린 뒤 럭비공 모
양으로 말고 먹기 좋게 잘라 마무리.

비법솔트나 파슬리로 장식해주면 눈과 입
이 더욱 즐거워져요.

꽃게살 비빔밥

음식은 때로 먹는 것 이상으로 사람들을 위로해주기도 하죠 저 역시 음식으로 큰 힘을 얻은 기억이 있어요
스트레스에 시달리던 어느 날, 무작정 목포까지 드라이브를 했죠 그리곤 맛집으로 유명한 '장터식당'에 들러
꽃게살 비빔밥을 시켰답니다. 부드러운 게살과 매콤 달콤한 양념을 먹다 보니 어느새 스트레스가 말끔히 날아가는 게 아니겠어요?
그때의 기억 때문인지 꽃게살 비빔밥은 제게 큰 활력을 주는 음식이 되었습니다.
오늘은 그동안 수고한 자신을 위해서 꽃게살 비빔밥을 만들어보세요 한 그릇 든든하게 먹고 나면 에너지가 솟을 거예요!

Ingredients

주재료 꽃게(2마리), 밥(2공기)

부재료 꽃상추(1줌), 김가루(약간), 무순(약간)

양념장 고춧가루(2)+양조간장(1)+청주(0.5)+멸치액젓(1)+다진 마늘(0.5)+다진 생강(0.1)+올리고당(2)

양념 참기름(2), 깨소금(0.5)

Recipe

1

꽃게는 싱싱한 것으로 준비해 깨끗이 씻어 살만 발라내고,

꽃게를 껍질째로 먹기 좋게 잘라 그대로 버무려서 먹어도 좋아요. 이때 슬라이스한 양파와 쪽파를 넣어주면 더 맛있어요.

2

상추는 깨끗이 씻어 물기를 제거하고,

길이가 길면 1cm 길이로 썰어요.

3

양념장에 꽃게살을 넣고 살이 많이 부서지지 않도록 살살 섞고,

4

접시에 따뜻한 밥을 담고 꽃게살, 상추, 김가루, 참기름, 깨소금, 무순을 얹어 마무리.

Chef's Advice

사실 이 요리의 포인트는 게살만 발라내서 양념장에 버무려 비벼 먹는 거지만, 껍질을 발라 먹는 것이 좋다면 등껍질만 떼어내고 6등분해 양념장에 섞으세요.

꽃게 손질법

솔을 이용해 껍질을 구석구석 문질러 닦습니다. 배 쪽에 삼각형 모양으로 생긴 부분에 엄지를 넣고 들어 올려 등딱지를 떼어내고, 빗살무늬 아가미를 제거하고 모래주머니를 뗍니다. 등딱지 속에 들어 있는 알과 내장을 젓가락으로 파내어 한데 모으고 살만 모아줍니다. 가위로 게를 자르고 살만 발라 양념장에 버무려 내면 됩니다.

삼겹살 김치찜

제가 어릴 때부터 부모님은 늘 바쁘셨어요. 애처가인 아버지는 일요일마다 엄마를 쉬게 하시고 직접 요리를 하셨는데
가장 맛있는 요리가 삼겹살 김치찜이었죠. 통삼겹살을 묵은지와 함께 부드럽게 푹 삶아 얼큰하게
만든 요리로 외국에 있을 때 아빠, 엄마가 그리워 많이 해 먹었어요. 아버지의 비법은 묵은지와 청양고추였는데
외국에선 청양고추를 구할 수 없어 할라피뇨 고추를 사용해 맛을 내곤 했답니다.

Ingredients

주재료 통삼겹살(300g), 묵은지($\frac{1}{4}$포기)

부재료 대파($\frac{1}{2}$대), 청양고추(1개), 멸치육수(3컵)

양념장 김칫국물($\frac{1}{2}$컵)+고춧가루(1)+미림(1)+생강즙(1)+다진 마늘(1)+소금(약간)+후춧가루(약간)

가니쉬 실파(약간)

Recipe

1

대파는 어슷 썰고, 청양고추는 어슷 썬
뒤 씨를 제거하고,

2

냄비에 멸치육수를 붓고 통삼겹살을 넣
은 뒤 묵은지를 포기째 올려 뚜껑을 열
고 센 불에서 5분간 끓이고,

김치가 너무 시다면 설탕을 약간 넣어주세
요. 감쪽같이 신맛이 줄어듭니다.

3

양념장을 넣고 육수가 다시 끓으면 뚜껑
을 닫고 약한 불에서 30분간 끓이고,

김치가 시지 않다면 조금 더 푹 끓여주세요

4

청양고추, 대파를 넣고 1분간 더 끓이고,

5

통삼겹살과 김치를 먹기 좋게 썰어 그릇
에 담고 양념과 **가니쉬**를 얹어 마무리

라자냐

라자냐는 이탈리아를 비롯해 유럽에서 가정식으로 많이 먹는 요리로, 외국친구들 집에 초대받으면 항상 맛볼 수 있었어요
큰 그릇에 만들어 여러 명이 함께 먹을 수 있어서 그런 것 같아요 리코타 치즈나 시금치를 넣은 라자냐도 있었는데,
그중 가장 맛있게 먹었던 곳은 밀라노 미켈레의 집이었어요
버섯 크림소스와 볼로네제 소스가 어우러진 라자냐가 정말 맛있었죠!

Ingredients

주재료 라자냐(6장), 베샤멜소스(1컵), 토마토소스(2컵), 슈레드 모차렐라치즈(2컵)

부재료 양파(⅓개), 양송이버섯(6개), 다진 쇠고기(100g), 파르메산치즈가루(5)

양념 소금(약간), 후춧가루(약간), 버터(1), 파슬리가루(약간)

Recipe

1

양파는 곱게 다지고, 양송이버섯은 먹기
좋게 썰고,

2

센 불로 달군 팬에 올리브유(1)를 두르
고 양파를 넣어 볶다가 투명해지면 쇠고
기와 양송이버섯을 넣어 볶은 뒤 소금,
후춧가루로 간해 식혀두고,

쇠고기 대신에 새우 같은 해산물을 넣어도
좋아요.

3

끓는 물에 소금(1)과 올리브유(1)를 넣
고 라자냐를 넣어 4분간 삶아 건진 뒤 체
에 밭쳐 물기를 제거하고 쟁반에 담아
올리브유(1)를 뿌려두고,

보통은 7분간 삶지만 오븐에서 또 익히기
때문에 4분만 익혀요.

4

오븐용기에 버터를 바르고 베샤멜소스
와 라자냐를 차례로 담고,

베샤멜소스가 없다면 리코타 치즈로 대체
해도 좋아요.
홈메이드 베샤멜소스를 사용하면 더 맛있
어요. (참고 p.124)

5

토마토소스 → 볶은 쇠고기와 버섯 →
파르메산치즈가루 → 베샤멜소스 → 슈
레드 모차렐라치즈 순으로 켜켜이 쌓고,

6

200℃로 예열한 오븐에 20분간 구워내
파슬리가루를 뿌려 마무리.

낙지볶음과 소면

10년 전 뉴욕에서 같이 공부하던 주빈이라는 친구의 어머니는 유명한 낙지볶음집을 운영하셨어요
방학 때 한국에 나와 주빈이가 직접 매콤한 낙지볶음을 만들어 줬는데 지금도 그 맛을 잊을 수가 없어요
싱싱한 낙지, 아삭한 채소, 매콤한 양념장, 쫄깃하게 익힌 소면 이 네 가지가 어쩌나 척척 맞아떨어졌는지, 공대생이던
주빈이에게 요리를 하라고 설득까지 했답니다. 컴퓨터 프로그래머로 근무하던 그녀는
몇 년 전 저에게 기초 요리를 배워 호주로 떠났고, 지금은 호주에서 셰프로 일하고 있답니다.

Ingredients

주재료 낙지(2마리), 소면(100g)

부재료 양파(⅓개), 풋고추(1개), 붉은고추(1개), 마른고추(1개), 파채(1줌)

낙지양념장 고춧가루(0.5)+간장(0.3)+다진 마늘(0.5)+고추장(1)+물엿(0.5)+참기름(0.5)

양념 고추기름(1), 소금(약간), 후춧가루(약간)

Recipe

1

낙지는 머리를 뒤집어 내장과 눈을 제거하고 밀가루(1)와 소금(0.3)을 넣고 바락바락 문질러 깨끗이 씻어 5cm 길이로 썰고,

2

양파는 두껍게 채 썰고, 풋고추, 붉은고추는 어슷 썰고, 마른고추는 가위로 어슷하게 자르고,

3

끓는 물에 소면을 부채꼴 모양으로 넓게 펼쳐 넣어 3분간 삶아 건진 뒤 찬물에 3~4번 헹궈 물기를 제거하고 접시에 담아 놓고,

거품이 생기면 찬물을 한 컵 정도 조금씩 부어주세요. 면이 더욱 쫄깃해진답니다.

4

센 불로 달군 팬에 고추기름을 두르고 마른고추를 넣어 향을 낸 뒤 고추를 꺼내고 양파를 넣어 센 불에서 1분간 볶고,

매운맛이 싫으면 고추기름은 포도씨유로 대체하고 낙지양념장의 고춧가루를 생략하면 됩니다.

5

낙지와 **낙지양념장**을 넣고 센 불에서 1분 정도 볶다가 풋고추, 붉은고추를 넣고 30초간 더 볶고,

낙지 요리는 센 불에서 재빨리 볶아야 색도 곱고 물이 생기지 않아요.

6

소면을 담은 그릇에 볶은 낙지를 담아 마무리.

소면 대신에 밥을 넣어서 볶거나 덮밥으로 먹어도 좋아요.

탄두리 치킨

제가 스위스 요리학교에 입학할 때부터 유난히 많이 싸우던 '미라'라는 인도친구가 있어요
그녀는 어디서건 누구에게든 시키는 것을 참 잘했는데 처음에는 저도 모르게 그녀의 말에 따르고 있는 거예요
이건 아니다 싶어 제가 막 시켰죠 그렇게 싸우다 친해졌는데 알고 보니 그녀는 인도 호텔재벌의 딸이었던 거예요
그런 그녀가 많이 해주었던 탄두리 치킨은 향신료와 요구르트로 양념하여 탄두르(화덕)에 구워낸
인도의 전통 닭요리예요 집에는 탄두리가 없으니 오븐이나 팬에 구워 먹으면 돼요
우리나라에서도 많은 인기를 얻고 있어 그리 낯설지 않을 거예요

주재료 닭다리(4조각)

부재료 파로타(4장), 샐러드채소(1줌)

밑간 소금(0.2)+청주(2)+다진 마늘(2)+올리브유(2)+후춧가루(약간)

탄두리 양념 탄두리티카(4)+플레인 요구르트(1컵)

탄두리티카는 백화점이나 대형 할인마트의 수입식품코너 또는 인터넷(향신료마켓)에서 살 수 있습니다.

Recipe

1

닭다리는 깨끗이 씻어 앞뒤로 칼집을 3~4번 내고,

2

볼에 닭다리와 밑간을 넣고 문지르듯 마사지하고,

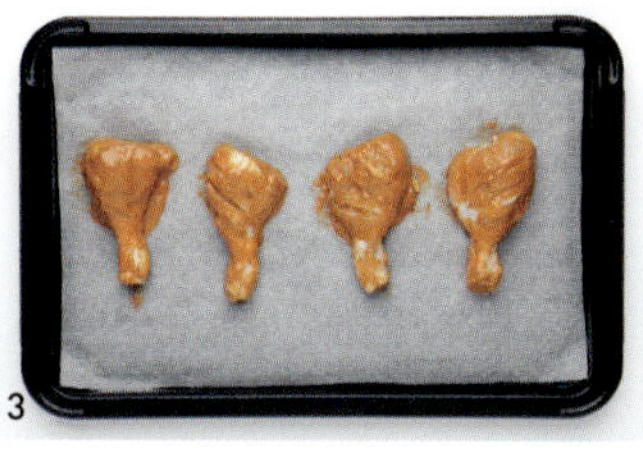

3

탄두리 양념을 만들어 밑간한 닭에 골고루 묻힌 뒤 냉장고에서 2시간 정도 재우고, 꺼내어 180℃로 예열한 오븐에서 25분간 굽고,

닭고기는 칼이나 젓가락으로 찔러서 핏물이 나오지 않으면 다 익은 거예요.

4

중간 불로 달군 마른 팬에 파로타를 올려 앞뒤로 1분씩 굽고,

파로타 빵은 백화점이나 마트 냉동코너에서 구입 가능해요. 토르티야로 대체할 수 있어요.

5

구운 탄두리 치킨을 그릇에 담고 샐러드채소와 파로타를 곁들여 마무리.

나쁜 여자의 착한 요리

고등어 조림

고등어는 영양가가 풍부한 고열량 생선으로 가격도 비싸지 않고 쉽게 구할 수 있어요.
가을에 살이 올라 가장 맛이 좋아요. 싱싱한 고등어로 고등어조림을 만들면 밥 한 공기는 뚝딱 할 수 있답니다.
무를 태우지 않고 은근한 불에 포근히 익혀내는 것과 너무 짜지 않게 매콤하게 만들어내는 것이 중요하답니다.

Ingredients

주재료 고등어(1마리)

부재료 무($\frac{1}{3}$토막), 대파($\frac{1}{3}$대), 풋고추($\frac{1}{2}$개), 붉은고추($\frac{1}{2}$개), 다시마육수(1컵)

양념장 설탕(0.5)+고춧가루(1)+간장(2)+생강즙(1)+다진 마늘(0.5)+고추장(1)+소금(약간)+후춧가루(약간)

가니쉬 실파(약간)

Recipe

1

고등어는 비늘을 긁어내고 깨끗이 씻은 뒤 굵은 소금(0.5)을 뿌려 20분간 절여 키친타월로 물기를 제거하고,

고등어 대신 갈치나 꽁치로 대신할수 있어요.

2

무는 2cm 두께로 썰어 반 자르고, 대파와 고추는 어슷 썰고,

3

양념장을 섞고,

4

냄비에 무를 깔고 양념장의 반을 넣은 뒤 고등어를 올리고 그 위에 나머지 양념장을 넣고,

링 모양으로 썬 양파를 넣으면 더 맛있어요.
고등어는 토막을 내면 양념이 더 잘 배요.

5

냄비 가장자리에 다시마육수를 붓고 센 불에서 2분 정도 끓이다 뚜껑을 덮고 중간 불로 줄여 국물을 끼얹어가며 10분간 더 끓이고 고추, 대파를 넣고 2분 더 조리고,

6

그릇에 옮겨 담고 송송 썬 실파를 뿌려 마무리.

고등어를 먹기 좋게 토막을 내거나 먹음직스럽게 통째 올려도 좋아요.

육개장 전골

얼큰한 보양식이 먹고 싶을 때 안성맞춤인 육개장 전골은 국물보다는 건더기를 많이 넣어 건져 먹는 것이 특징이에요.
고기를 야들야들하게 삶아 먹기 좋게 찢어 매콤한 양념장에 무쳐주고, 각종 채소를 데쳐 양념장에 무쳐 육수에 끓여냅니다.
어르신이 집에 오실 때 만들어도 좋고 한 솥 끓여 지인에게 몸보신 선물로 드려도 좋아요.
특히 우울하거나 칼칼한 것이 먹고 싶을 때 먹으면 속이 확 풀어진답니다.

주재료 불린 고사리(1줌), 부추(⅓줌), 느타리버섯(½줌), 대파(2대), 숙주나물(1줌)

육수 재료 쇠고기 양지머리(200g), 사태(200g), 마늘(4쪽), 통후추(0.5)

고기 양념장 고춧가루(1)+국간장(1)+생강즙(0.5)+다진 마늘(1)+다진 파(1)+참기름(0.5)+고추장(2)+된장(1)+후춧가루(약간)

고사리 양념장 국간장(1)+다진 파(0.5)+다진 마늘(0.5)+깨소금(약간)+참기름(약간)

양념 고추기름(3), 소금(약간), 들깻가루(2)

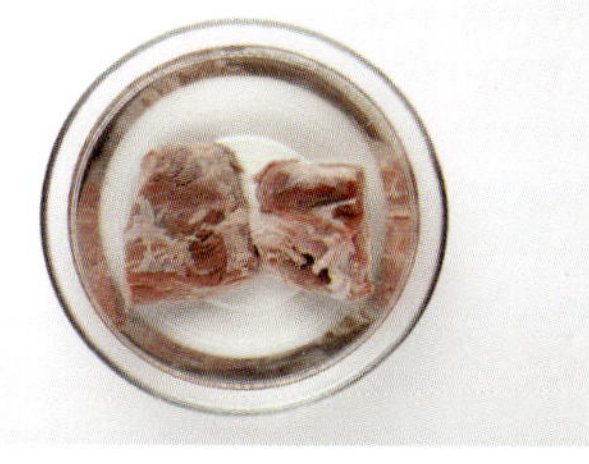

1 양지머리와 사태는 덩어리째 찬물에 10분간 담가 핏물을 뺀 뒤 냄비에 넣고 물(20컵), 마늘, 통후추와 30분 정도 끓인 후 체에 면포를 깔아 깨끗하게 거르고,

고기는 처음부터 찬물에 넣고 끓기 시작하면 중약불로 줄인 뒤 물의 양이 ⅔로 줄 때까지 끓이세요. 위에 뜨는 거품은 제거하세요.

2 고기는 건져 결대로 가늘게 찢어 **고기 양념장**에 무치고,

3 불린 고사리는 5cm 길이로 썰어 **고사리 양념장**에 무치고, 부추는 적당한 길이로 썰고,

고사리를 따로 양념해 넣으면 맛이 훨씬 더 풍부해져요.

4 느타리버섯, 대파, 숙주나물은 끓는 물에 살짝 데쳐 손으로 물기를 꼭 짜고, 느타리버섯은 먹기 좋게 찢고,

대파와 숙주나물은 미리 데쳐 사용해야 국물 맛이 깔끔해요.

5 전골냄비에 준비한 재료를 돌려 담고 만들어 놓은 고기육수(7컵)를 부은 뒤 약한 불에서 20분 정도 끓이고,

너무 센 불에서 끓이면 육수만 졸아들고 재료의 맛이 제대로 나지 않아요.

6 고추기름을 넣고 불을 끈 뒤 소금으로 간해 그릇에 담고 남은 부추와 들깻가루를 얹어 마무리.

기호에 따라 고추기름, 다진 청양고추를 추가해 넣어도 맛있어요.

토마토 해산물 링귀니

토마토소스와 해산물을 함께 넣어 만든 대중적인 파스타 요리예요! 좋아하는 해산물을 자유롭게 이용할 수 있답니다.
단, 해산물에 곁들일 수 있도록 굵은 면보다는 스파게티나 페투치니, 링귀니처럼 얇은 면이 좋아요!

Ingredients

주재료 바지락(8개), 새우(4마리), 오징어($\frac{1}{2}$마리), 마늘(2쪽), 링귀니(160g)

양념 파슬리(약간), 바질(약간), 화이트와인(3), 토마토소스(1컵), 소금(약간), 후춧가루(약간)

가니쉬 어린잎채소(1줌)+올리브유(0.5)+소금(약간)+후춧가루(약간)

Recipe

1

바지락은 소금물에 담가 해감하고, 새우는 꼬리만 남기고 껍질과 내장을 제거하고, 오징어는 1cm 두께 링 모양으로 썰고,

2

마늘은 슬라이스하고, 파슬리는 다지고, 바질은 돌돌 말아 얇게 썰고,

파슬리는 해산물의 비린 맛을 없애 줘요.

3

끓는 물에 굵은 소금(1)과 올리브유(1)를 넣고 링귀니를 7분간 알덴테로 삶고,

살짝 심지가 살아 있어야 꼭꼭 씹게 되어 소화가 잘된답니다.

4

센 불로 달군 팬에 올리브유(1)를 두르고 마늘을 넣어 향을 낸 뒤 해감한 바지락을 넣어 볶고,

5

탁탁 소리가 나면 화이트와인을 넣어 뚜껑을 덮고 바지락 입이 벌어지면 새우, 오징어 순으로 넣고 재빨리 볶은 다음 토마토소스를 넣어 끓이고,

6

링귀니를 넣고 잘 섞은 뒤 불을 끄고 파슬리, 바질, 소금, 후춧가루로 간하고 그릇에 담아 **가니쉬**를 얹어 마무리.

면부터 접시 중앙에 놓고 해산물과 소스를 담아내면 예쁘답니다.

곁들이면 요리가 완벽해지는 사이드 메뉴

| 오이고추된장무침 | 명이나물장아찌 | 청양고추마늘종간장피클 |

재료
오이고추(2개)

양념
다진 마늘(0.5)+된장(1)
+참기름(1)+깨소금(0.3)

1 오이고추는 먹기 좋은 크기로 썰어
   씨를 털어내고,
2 양념과 버무려 마무리.

재료
명이나물 (500g)

장아찌간장
간장(1컵)+식초(1컵)
+물(1컵)+설탕(5)+소금(0.5)

1 장아찌간장을 중간 불로 끓여 설탕이
   녹으면 불에서 내려 식히고,
2 명이나물은 먹기 좋게 다듬고,
3 용기에 명이나물을 담고 식혀둔
   장아찌간장을 부어 냉장고에서 3일간
   숙성시켜 마무리.

재료
청양고추(10개), 마늘종(10줄기)

피클간장
간장(1컵)+식초(1컵)+물(1컵)
+설탕(5)+소금(0.5)

1 피클간장은 중간 불에서 끓여 설탕이
   녹으면 불에서 내려 식히고,
2 청양고추와 마늘종은 먹기 좋은
   크기로 썰고,
3 용기에 청양고추와 마늘종을 담고
   식혀둔 피클간장을 부어 냉장고에서
   하루 정도 숙성시켜 마무리.

음식을 먹을 때 곁들이는 짭조름한 사이드 메뉴는
만들기도 쉬워서 그때그때 해먹어도 번거롭지 않아요!
자꾸만 한입 더 먹게 되는 매력을 지닌, 초간단 사이드 메뉴를 소개합니다.

무비트피클

재료
무($\frac{1}{2}$ 개), 비트(약간)

피클주스
식초(2컵)+물(2컵)+설탕(6)
+소금(0.5)+피클링스파이스(0.5)

1 피클주스는 중간 불에서 끓여 설탕이
   녹으면 불에서 내려 식히고,
2 무와 비트는 먹기 좋은 크기로 썰고,
3 용기에 무와 비트를 담고 식혀둔
   피클주스를 부어 냉장고에서 하루
   정도 숙성시켜 마무리.

와인피클

재료
오이($\frac{1}{2}$ 개), 양파($\frac{1}{2}$ 개), 콜리플라워($\frac{1}{4}$ 개)

피클주스
식초($\frac{2}{3}$컵)+물(1컵)+설탕(5)
+소금(0.3)+피클링스파이스(1)
+레드와인($\frac{1}{2}$컵)

1 피클주스는 중간 불에서 끓여 설탕이
   녹으면 불에서 내려 식히고,
2 오이와 양파, 콜리플라워는 먹기 좋게
   썰고,
3 용기에 채소를 담고 식혀둔
   피클주스를 부어 냉장고에서 하루
   정도 숙성시켜 마무리.

과일피클

재료
참외(1 개), 천도복숭아(1),
적양파($\frac{1}{2}$ 개), 레몬($\frac{1}{2}$ 개)

피클주스
식초(1컵)+물(1컵)+설탕(3)
+소금(0.3)+피클링스파이스(0.3)

1 피클주스는 중간 불에서 끓여 설탕이
   녹으면 불에서 내려 식히고,
2 참외와 천도복숭아, 적양파는 껍질과
   씨를 제거하고 먹기 좋게 썰고,
   레몬은 얇게 슬라이스하고,
   레몬은 무르지 않고 단단한 것을 고르
   세요.
3 피클용기에 준비한 재료를 담고
   식혀둔 피클주스를 부어 냉장고에서
   하루 정도 숙성시켜 마무리.

느끼한 음식을 먹을 때마다 생각나는 피클은
스테이크, 스파게티에 잘 어울리죠? 피클주스에 섞어두면 끝!
넉넉하게 만들어 냉장고에 넣어두면 맛있게 익히면서 그때그때 꺼내먹을 수 있어요

미니깍두기

재료
무($\frac{1}{2}$개), 굵은 소금 (2), 쪽파 ($\frac{1}{2}$줌)

양념
고춧가루 (4), 설탕 (1), 멸치액젓 (3),
다진 마늘 (1), 다진 생강 (0.5)

1 무는 먹기 좋은 크기로 깍둑 썰어
　굵은 소금에 30분간 절인 뒤 물기를
　제거하고,
2 쪽파는 무와 같은 길이로 썰고,
3 무에 고춧가루를 넣고 색이 나게
　버무리고,
4 나머지 **양념**과 쪽파를 넣고 버무려
　마무리.

부추무침

재료
부추 (1줌), 양파 ($\frac{1}{4}$개)

양념
설탕 (0.5)＋고춧가루 (1)＋간장 (0.5)＋까
나리액젓 (1)＋참기름 (0.5)＋깨소금 (0.2)

1 **양념**은 미리 섞어 두고,
2 부추는 깨끗이 씻어 먹기 좋게 썰고,
　양파는 곱게 채 썰고,
3 섞어둔 양념을 넣어 고르게 살살
　버무려 마무리.
먹기 직전에 버무려야 숨이 죽지 않아요.

청경채 사과 겉절이

재료
청경채 (2개), 사과 ($\frac{1}{4}$개)

양념
설탕 (0.5)＋고춧가루 (1)＋식초 (1)＋멸치
액젓 (1)＋다진 마늘 (0.5)＋고추장 (1)＋
물엿 (1)＋참기름 (0.5)＋고추기름 (1)

1 청경채는 깨끗이 씻어 먹기 좋게
　썰고, 사과는 채 썰고,
2 **양념**에 버무려 마무리.

외국 생활할 때 쉬는 날 틈틈이 김치를 만들어 주변에 선물했는데 반응이 폭발적이었어요
보통 김치 만들기가 어렵다고 생각하는데 간단한 방법도 있어요. 겉절이 식으로 만들면 되거든요
채소를 먹기 좋게 썰어 굵은 소금이나 액젓으로 절이고 고춧가루 양념을 해주면 끝!
한국 사람은 김치 힘이 꼭 필요하기 때문에 미니 깍두기나 겉절이는 꼭 내는 게 좋답니다!

미소된장국

재료
다시마(1장=5×5cm), 가쓰오부시(1컵),
팽이버섯(약간), 불린 미역(약간),
쪽파(1대)

양념
미소된장(2)

1 물(5컵)에 다시마를 넣고 끓으면
   건져내고,
2 불을 끄고 가쓰오부시를 넣고 5분
   후에 걸러내고,
3 팽이버섯과 불린 미역은 잘게 자르고,
   쪽파는 송송 썰고,
4 냄비에 육수를 넣고 미소된장을 풀어
   넣고,
5 된장이 우러나면 그릇에 담고
   팽이버섯, 미역, 쪽파를 얹어 마무리.

콩나물국

재료
쪽파(2대), 붉은고추($\frac{1}{2}$개), 마늘(2쪽),
멸치다시마육수(7컵), 콩나물(1줌)

양념
소금(0.5), 멸치액젓(1)

1 쪽파와 붉은고추는 잘게 썰고, 마늘은
   칼등으로 으깨고,
2 냄비에 멸치다시마육수, 콩나물, 마늘,
   양념을 넣고 뚜껑을 덮어 끓이고,
3 끓어오르면 중간 불로 7분간 더
   끓이다 쪽파와 붉은고추를 넣어
   1분간 더 끓여 마무리.

미역오이냉채

재료
불린 미역(1줌), 오이($\frac{1}{2}$개),
붉은고추($\frac{1}{2}$개)

양념
소금(0.3)+식초(3)+다진
마늘(0.3)+매실청(3)+참기름(1)

1 미역은 먹기 좋게 썰고, 오이는 채
   썰고, 붉은고추는 잘게 다지고,
2 볼에 미역, 오이, 붉은고추, 양념을
   넣어 섞고,
3 물(3컵)을 넣어 마무리.

요리에 후루룩 마실 수 있는 국물을 곁들이면 한결 먹기 편하죠?
특히 매콤한 요리에 잘 어울리는 속 편한 국물 요리 레시피를 알려 드릴게요.
만드는 사람도 간단하고, 먹는 사람도 무척 좋아하니 일석이조 사이드 메뉴죠?

데미글라스소스
데리야키소스
와인 리덕션 &
발사믹 리덕션
리코타치즈

풍미가 살아나는 착한 홈메이드 소스

사람들은 소스가 맛있으면 음식도 맛있다고 해요.
요즘은 시중에 다양한 소스들이 많이 나와 있어 조리도 편해졌어요. 하지만 저는 바쁘지 않은 이상
소스를 직접 만들어요. 방금 만든 홈메이드 소스는 음식의 풍미를 더욱 살려주거든요. 물론 화학 물질이
안 들어가서 오래 보관할 수 없지만 그렇기 때문에 소스 본래의 맛을 제대로 느낄 수 있어요.
게다가 홈메이드 소스에는 시판용에는 없는 정성이 들어가 있잖아요~!

데미글라스소스

데미글라스소스는 브라운소스를 반으로
졸인 소스예요. 감칠맛과 진한 맛이 나서
스테이크, 햄버거 등에 잘 어울리죠.
서양 요리의 기본적인 소스예요.

재료

버터(1), 밀가루(1), 양파($\frac{1}{4}$개),
당근($\frac{1}{3}$개), 셀러리($\frac{1}{3}$개), 올리브유(1),
토마토페이스트(1), 토마토($\frac{1}{2}$개),
쇠고기육수(3컵), 월계수잎(1장),
통후추(5알), 파슬리(1줄기), 소금(약간),
후춧가루(약간)

1 팬에 버터를 넣고 약한 불에서 녹으면
  밀가루를 넣고 볶아 브라운루를
  만들어 불을 끄고,
2 양파, 당근, 셀러리는 얇게 채 썰어
  올리브유(1)를 넣은 팬에서 갈색으로
  변할 때까지 약한 불로 볶고,
3 토마토 페이스트를 넣어 1~2분
  정도 볶아 신맛을 없앤 뒤 잘게 썬
  토마토를 넣어 1분 정도 볶고,
4 쇠고기육수, 월계수잎, 통후추,
  파슬리를 넣고 약한 불에서 10분간
  끓이고,
5 만들어둔 브라운루를 넣고 재료와 잘
  섞어 3분간 더 끓이고,
6 소금, 후춧가루로 간하고 체에 내려
  마무리.

데리야키소스

데리야키소스는 일식에 많이 쓰이는
소스로 육류 요리, 생선 요리, 해산물
구이용으로 많이 사용합니다. 달콤한
맛에 반짝반짝한 윤기를 줘서 사람들이
좋아해요.

재료

간장(2)＋청주(3)＋설탕(2)＋생강(1쪽)

1 냄비에 모든 재료를 넣고,
2 시럽처럼 될 때까지 약불로 약 3분간
  졸여 마무리.

와인 리덕션 & 발사믹 리덕션

와인이나 발사믹에 약간의 설탕을 넣고
약한 불로 천천히 졸이면 시럽처럼
근사한 소스가 완성돼요. 샐러드,
생선, 육류, 튀김, 볶음 등 어느 요리에
사용해도 달짝지근한 맛과 향이 잘
어울려요. 소스통에 담아 근사한 장식을
그릴 수도 있어요.

재료

와인 리덕션 : 레드와인(2컵)＋설탕(1)
발사믹 리덕션 : 발사믹식초(2컵)＋설탕(1)

1 냄비에 각각의 재료를 넣고 $\frac{1}{3}$양으로
  줄어들 때까지 약한 불로 졸여 마무리.

리코타치즈

리코타치즈는 사실 소스라기보다는
쉽고 간단하게 집에서 만들 수 있는
치즈랍니다. 과일 또는 샐러드에 곁들여
먹거나 라자냐에 주재료로 사용할 수
있어요.

재료

우유(2컵), 생크림(1컵), 소금(0.3),
레몬즙(1)

1 냄비에 우유와 생크림을 넣고 가열해
  끓으면 소금을 넣어 불을 끄고,
2 레몬즙을 넣고 몽글몽글한 덩어리가
  생길 때까지 젓고,
3 면포에 담아 꾹꾹 눌러 물기를 제거
  하고,
4 틀에 담아 모양을 굳혀 마무리.

토마토소스

전 세계 사람들이 좋아하는 토마토소스
는 만들어 놓으면 가장 유용해요. 모든
이탈리아 요리(해산물·고기·채소·달걀
요리 등)에 어울리고, 이 소스만 제대로
만들 줄 알면 미트소스, 로제소스, 아라
비아따소스도 쉽게 만들 수 있답니다

재료
양파(1개), 마늘(2개), 화이트와인(3),
통조림 홀토마토(1캔=300g),
오레가노(0.2), 바질(10장), 소금(약간),
후춧가루(약간)
홀토마토는 당도가 높은 것을 구입하는 것
이 중요합니다. 만일 통조림 홀토마토 대신
신선한 토마토를 넣는다면 껍질을 벗기고
씨를 제거한 뒤 토마토 페이스트(1)를 더
넣어주세요

1 양파는 사방 2cm로 크기로 썰고,
    마늘은 으깨어 다지고,
2 팬에 올리브유(2)를 두르고 양파와
    마늘을 넣어 완전히 숨이 죽도록 중간
    불로 5분간 볶고,
3 센 불로 올려 화이트와인을 넣고 잘
    저어가며 알코올 성분을 날리고,
4 홀토마토를 손으로 으깨 넣어 10분간
    중간 불에서 끓이고,
    토마토를 믹서에 갈면 씨가 함께 갈리
    면서 신맛을 내기 때문에 손으로 으깨
    는 것이 포인트예요.
5 오레가노와 채 썬 바질을 넣고 소금,
    후춧가루로 간해 마무리.

폰즈소스

폰즈소스는 차가운 소스로 일식 요리에
많이 쓰여요. 샤브샤브용 소스로 좋고,
살짝 얼린 소스를 포크로 긁어서
굴이나 해산물 샐러드 위에 올려도
근사해집니다.

재료
다시마(1장=5×5cm), 가쓰오부시(1줌)
양념
설탕(0.5)+간장(2)+식초(2)+맛술(1)+
레몬즙(1)+무즙(2)

1 냄비에 물(5컵)과 다시마를 넣고
    끓으면 다시마를 건지고 불을 끄고,
2 가쓰오부시를 넣고 가라앉으면 체에
    밭쳐 육수를 만들고,
3 볼에 양념과 육수를 넣어 설탕이 잘
    녹도록 섞어 마무리.

화이트소스(베샤멜소스)

크림소스라고도 불리는 이 소스는
부드러움 때문에 생선이나 파스타, 채소
요리에 특히 잘 어울려요.

재료
우유(2컵), 버터(2), 밀가루(2),
넛맥(약간), 소금(약간), 후춧가루(약간)

1 우유를 끓이고,
2 팬에 버터를 넣고 약한 불에서 녹인
    뒤 밀가루를 넣어 1분 정도 볶고,
3 끓인 우유를 팬에 넣어 계속 저어가며
    5분 정도 더 끓이고,
4 넛맥과 소금, 후춧가루로 간해 마무리.

볼로네즈소스

흔히 아는 미트소스로 볼로냐 지역의
대표 소스입니다. 미트볼 파스타나
라자냐, 스테이크 소스로 좋아요.

재료
양파($\frac{1}{4}$개), 셀러리($\frac{1}{2}$개), 당근($\frac{1}{4}$개),
다진 마늘(0.5), 다진 쇠고기(100g),
레드와인($\frac{1}{2}$컵), 쇠고기육수(2컵), 통조림
홀토마토(1캔=300g), 월계수잎(1장),
파슬리(1줄기), 소금(약간),
후춧가루(약간)

1 양파, 셀러리, 당근은 잘게 다지고,
2 팬에 올리브유(1)를 두르고 다진
    마늘과 채소를 넣어 볶고,
3 다진 쇠고기를 넣어 갈색으로 변할
    때까지 볶고,
4 레드와인을 넣고 센 불로 끓여
    알코올을 날리고,
5 쇠고기육수, 홀토마토, 월계수잎,
    파슬리를 넣고 약한 불로 줄여
    30분간 끓이고,
6 소금, 후춧가루로 간해 마무리.

볼로네즈소스
화이트소스(베샤멜소스)
폰즈소스
토마토소스

특별한 저녁을 만들어주는 한 접시

Brown

연어 스테이크와 뢰스티

스위스 호텔에 근무할 때 연어요리를 참 많이 했어요. 신선한 연어를 겉은 바삭하고 속은 촉촉하게 구워
부드러운 레몬 크림소스와 바삭하게 구운 감자를 함께 곁들인 연어 스테이크와 뢰스티를 자주 만들었지요.
뢰스티는 스위스 요리인데 우리나라 감자채 부침개와 같다고 할까요? 곱게 채 썬 감자를 타지 않게 구워내는 게 포인트인데,
이때 정제버터(클레리파이드 버터)를 사용하면 고소한 풍미를 줄 수 있어 더욱 맛있어요.
여기에 소금, 후춧가루를 뿌려 먹으면 브라보 랍니다.

주재료 감자(2개), 연어(스테이크용 2조각=150g)

양념 정제버터(2), 소금(약간), 후춧가루(약간), 넛맥(약간), 타임(2줄기)

레몬크림소스 재료 양파(⅛개), 버터(1.5), 화이트와인(2), 생크림(1컵), 레몬즙(1), 레몬제스트(약간), 소금(0.3), 후춧가루(약간), 설탕(0.2)

가니쉬 케이퍼(2)

Recipe

감자는 얇게 채 썰고 양파는 잘게 다지고,

팬에 정제버터를 두르고 전을 굽듯 채 썬 감자를 얇고 둥글게 펴 올린 뒤 소금, 후춧가루, 넛맥을 뿌려가며 구워 뢰스티를 만들고,

높이가 있는 쿠킹틀을 사용하면 예쁜 모양을 만들 수 있어요.

팬에 버터를 두르고 약한 불에서 다진 양파를 볶다가 센 불로 높여 화이트와인을 부어 알코올을 날리고,

생크림을 넣고 끓으면 중간 불로 줄여 레몬즙과 레몬제스트를 넣고, 소금, 후춧가루, 설탕을 넣고 불을 꺼 레몬크림소스를 만들고,

달군 팬에 포도씨유(2)를 두르고 연어를 앞뒤로 노릇하게 굽고 소금, 후춧가루로 간한 뒤 타임을 넣어 향을 내 꺼내고,

타임 줄기는 향을 더한 후 보통은 제거하지만 요리 후에 장식으로도 사용할 수 있어요.

접시에 뢰스티와 연어를 담고 레몬크림소스를 뿌린 뒤 튀긴 케이퍼를 올려 마무리.

케이퍼는 160℃로 달군 포도씨유에 가볍게 튀긴 뒤 체에 밭쳐 바삭하게 말려주세요. 시간이 없으면 생략해도 좋아요.

Chef's Advice

생선의 귀족이라고 불리는 연어는 가을철이 가장 맛있어요. 연어는 고단백 저지방으로 피부미용에 좋아 다크서클로 고민하는 여성들에게 좋아요!

닭 가라아게

외국에 있을 때 한국인, 그것도 여자 셰프는 언제나 저 혼자였어요. 그래서 제 주위는 항상 남자들로 북적였죠.
그중 일본에서 5년간의 요리공부를 마치고 돌아온 상일이와는 밤을 새서 요리를 서로 가르쳐 주는 우정과 의리로 똘똘 뭉친
친구사이입니다. 그 친구가 일하는 W호텔에 놀러갔을 때 만들어준 요리가 닭 가라아게였어요.
간장과 소금, 후춧가루로 짭조름하게 양념한 닭고기를 바삭하게 튀겨 채 썬 파와 양배추와 함께 내주는데 정말 맛있었어요.
그래서 상일이는 저에게 또 요리를 가르쳐 줘야만 했답니다.

Ingredients

주재료 닭다리살(400g), 녹말가루(5)

닭고기 대신에 돼지고기를 사용해도 맛있어요.

부재료 양배추($\frac{1}{6}$개), 대파(1대), 레몬($\frac{1}{4}$개)

밑간 소금(0.2)+간장(1)+생강즙(1)+후춧가루(약간)+참기름(약간)

Recipe

1

닭고기는 한입 크기로 먹기 좋게 썰어 **밑간**하고,

닭다리살을 재울 때 참기름을 약간 넣으면 더 바삭하게 튀길 수 있어요.

2

양배추는 얇게 채 썰고, 대파는 채 썰어 얼음물에 담가 매운맛을 없애고,

3

닭고기에 녹말가루를 가볍게 묻혀 여분의 가루는 털어낸 뒤 170℃로 달군 식용유(3컵)에 두 번 튀겨내고,

4

접시에 튀긴 닭다리살을 담고 양배추, 파채를 담고, 레몬즙을 짜서 골고루 뿌려 마무리.

깨소스를 곁들이면 더 맛있어요. 참깨(1)+설탕(1)+간장(1)+식초(1)+마요네즈(1)를 섞어 갈아주세요.

Chef's Advice

레몬을 장식으로 낼 때에는

1. 베이킹소다를 이용해 레몬을 깨끗이 씻어내고,
2. 6조각 웨지 모양으로 썰고,
3. 손으로 잡을 수 있도록 영 옆에 흰 부분을 1mm 남기고 잘라내요. 모양도 좋고 손에 묻지 않게 즙을 짜낼 수 있어 좋아요.

대구구이와 베샤멜소스

대기업의 대표님 여섯분을 집으로 초대한 적이 있어요. 그중 가장 높으신 분이 육류를 먹지 않지만 해산물까지는 먹는
페스코 베지테리언이었어요. 보통 베지테리언 메뉴를 만들 때는 고민을 많이 하는데, 그분의 식사를 준비하면서는 고민하지 않았어요.
생선 스테이크를 준비하면 되니까요. 싱싱한 대구에 화이트소스의 기본이라는 베샤멜소스와 채소를 곁들이고
마지막 쇼맨십으로 생선 스테이크에 브랜디를 끼얹어 불쇼를 해드리니 무거웠던 분위기가 확 살아났어요.
높으신 분 비위 맞추느라 눈치 보는 어른들 사이에서 저는 미소를 지었어요.

Ingredients

주재료 생대구(2조각=400g)

부재료 시금치(1줌), 미니새송이버섯(4개)

베샤멜소스 재료 버터(1), 밀가루(1), 우유(2컵), 다진 마늘(0.5), 소금(0.2), 후춧가루(약간), 넛맥(약간)

양념 버터(1), 소금(약간), 후춧가루(약간), 타임(1줄기), 다진 마늘(2)

Recipe

시금치는 먹기 좋게 손질하고, 미니새송이버섯은 먹기 좋게 썰고,

팬에 버터를 녹인 뒤 밀가루를 넣어 중간 불에서 2분간 거품기로 저어가며 끓이다 차가운 우유를 넣고 양이 반으로 줄 때까지 졸이고, 다진 마늘, 소금, 후춧가루, 넛맥으로 간해 베샤멜소스를 만들고,

팬에 올리브유(1)를 두르고 대구를 앞뒤로 노릇하게 구운 뒤 버터(1)를 넣고 소금, 후춧가루, 타임을 넣어 간한 뒤 꺼내고,

팬에서 앞뒤로 노릇하게 익히고 180℃로 달군 오븐에서 3분간 익혀도 좋아요. 대구에 칼집을 넣으면 더 노릇하게 잘 익어요.

팬에 올리브유(1)를 두르고 버섯을 넣어 볶은 뒤 다진 마늘(1), 소금, 후춧가루로 간하며 볶아 꺼내고,

팬에 다시 올리브유(1)를 두르고 시금치와 다진 마늘(1)을 넣어 센 불에서 볶다가 소금과 후춧가루로 간하고,

접시에 베샤멜소스를 얹고 시금치와 버섯볶음으로 예쁘게 장식하고 구운 생선을 올려 마무리.

대구 구울 때 사용한 타임은 가니쉬로 활용하세요.

햄버그스테이크

쇠고기를 갈아 만든 햄버그스테이크는 육즙이 살아 있고 부드러워요 특히 그레이비소스와 매우 잘 어울린답니다.
여기에 살짝 익힌 달걀 프라이를 곁들이면 달걀의 부드러움과 고기의 씹는 맛이 어우러져 환상적인 조합을 만들어냅니다.
좀 더 고기 본연의 맛을 느끼고 싶다면 웰던보다는 미디엄으로 익혀보세요 처음에는 낯설겠지만
점점 고기의 맛을 더 잘 느낄 수 있을 거예요 프랑스친구들은 햄버그스테이크를 레어로 앞뒤로
10초씩만 구워 먹지만 한국인 입맛엔 미디엄 정도가 딱 알맞은 것 같아요

패티 재료 다진 쇠고기(300g), 달걀($\frac{1}{2}$개), 빵가루(2), 마늘가루(0.2), 양파가루(0.2), 우스터소스(0.3),
　　　　　타바스코소스(0.3), 소금(0.2), 후춧가루(약간)

양파가루와 마늘가루가 없다면 다진 양파와 다진 마늘을 한 번 볶아 수분을 제거한 후 사용하세요.

부재료 양송이버섯(4개), 버터(1), 달걀(2개)

소스 재료 그레이비소스(1컵), 쇠고기육수(3), 소금(약간), 후춧가루(약간), 차가운 버터(1)

Recipe

1

볼에 **패티 재료**를 넣고 찰기가 생기도록
잘 치대고,

달걀은 흰자와 노른자를 잘 풀어서 반만 넣
으세요! 반죽을 조금 떼어 구운 후 맛을 보
고 기호에 맞게 간하세요.

2

패티는 냉장고에서 30분간 숙성시킨 뒤
꺼내 둥글넓적한 모양으로 빚고,

패티는 익을수록 가운데가 부풀어 올라요.
골고루 익히려면 가운데를 눌러주세요.

3

중간 불로 달군 팬에 포도씨유(1)를 두
르고 패티를 올려 앞뒤로 2분씩 구워 꺼
낸 뒤 쿠킹포일로 덮어 놓고,

웰던으로 익히고 싶으면 양면을 익힌 후 뚜
껑이나 쿠킹포일로 덮어 약한 불에 2분간
더 익혀요.

4

패티를 구운 기름을 덜어낸 뒤 버터를
넣고 양송이버섯을 익혀 꺼내고,

5

버터를 뺀 **소스 재료**를 넣고 걸쭉한 농
도가 될 때까지 끓이고 차가운 버터를
마지막에 넣어 농도를 맞춰주고,

6

접시에 햄버그와 버섯을 얹고 소스를 뿌
린 뒤 달군 팬에서 반숙으로 익힌 달걀
을 위에 얹어 마무리.

Chef's Advice

- 패티는 많이 치대면 치댈수록 부드러워집니다. 어떤 셰프는 부드러운 패티를 만들
기 위해 돼지기름이나 포도씨유를 넣기도 한답니다.
- 쇠고기와 돼지고기를 6：4 비율로 넣어 패티를 만들기도 하지만 너무 오래 익히면
뻣뻣하기 때문에 저는 다진 쇠고기(기름기가 있는 갈빗살이 최고!)만을 이용해요.

스테이크와 미니파프리카

부르고뉴 지방에 와이너리 투어를 갔었는데 수도 디종은 와인뿐만 아니라
머스터드로도 유명해 다양한 머스터드를 맛볼 수 있었어요. 머스터드는 특히 육류와 참 잘 어울리는데요.
육즙을 살려 고소하게 구운 채끝살에 미니파프리카와 머스터드 크림소스를 곁들여 보세요.
근사한 음식이 된답니다. 이때 스테이크는 불 조절이 생명입니다.
아주 센 불에 앞뒤로 구워 표면의 육즙을 가둬 놓고 약한 불로 줄이거나 불을 끈 후 남은 열로 익히면 됩니다.

주재료 통마늘(2개), 미니파프리카(4개), 채끝살(스테이크용 2조각=500g)

밑간 소금(약간), 후춧가루(약간), 타임(1줄기)

머스터드크림소스 생크림(1컵), 디종 머스터드(2), 차가운 버터(2), 소금(약간), 후춧가루(약간)

가니쉬 파슬리가루(약간), 소금(약간), 후춧가루(약간)

Recipe

1

통마늘은 깨끗이 씻어 끓는 물에 5분간 삶아 꼭지를 제거하고, 미니파프리카는 반으로 갈라 씨를 털어내고,

2

채끝살은 **밑간**해 손으로 쓰다듬어 일정한 두께로 만든 뒤 올리브유(1)를 두른 달군 그릴팬에 올리고,

고기를 마사지해주면 두께가 일정해져서 구울 때 골고루 익어요

3

센 불에 1분간 굽고, 뒤집어서 1분 더 구워 타임, 소금, 후춧가루로 간하고 오븐에서 190℃로 3분간 익힌 후 접시에 담아 쿠킹포일로 덮어두고,

가장 맛있는 미디엄 기준입니다. 웰던은 한 면을 1분간 익히고 뒤집어서 30초 굽다가 중간 불에서 뚜껑을 덮고 1분간 익히세요.

4

미니파프리카와 통마늘은 올리브유(1)와 소금, 후춧가루로 버무려 30초간 노릇하게 구워 꺼내고,

아삭한 식감을 위해 30초정도면 충분해요!

5

팬에 생크림을 넣어 중간 불에서 반 정도 졸인 뒤 디종 머스터드를 넣어 30초간 저어주고, 차가운 버터를 넣고 불을 끈 뒤 소금, 후춧가루로 간해 **머스터드크림소스**를 만들고,

6

접시에 고기를 담고 미니파프리카와 마늘을 올린 뒤 소스와 **가니쉬**를 뿌려 마무리.

Chef's Advice

고기의 익은 정도를 손쉽게 테스트하는 방법이 있어요. 이른바 얼굴 테스트(face test)인데요. 얼굴의 각 부위를 눌렀을 때의 탄력을 기억하며 고기를 눌러보고 익은 정도를 가늠하는 법이랍니다. 턱은 rare, 코는 medium, 이마는 well-done으로 기억하세요!

바싹 불고기와 토마토 쌈

외국인 친구들이 한국에 놀러오면 제가 꼭 만들어 주는 음식 중에 하나가 바싹 불고기예요.
언양에 놀러가 먹었던 언양 불고기의 뉴 버전입니다. 밑간한 쇠고기를 달콤한 불고기 양념장과 함께 볶다가
설탕을 캐러멜처럼 녹여 재빨리 섞어 바싹 구워준 후 토마토와 양파, 부추에 싸 먹는 요리예요. 달콤 짭조름하고 상큼한 맛을 함께
느낄 수 있어 인기 만점이에요. 냉동고에 잠들어 있는 쇠고기를 한데 모아 만들면 딱 좋은 메뉴입니다.

Ingredients

주재료 쇠고기(불고기용, 300g)

밑간 전분(0.5)+청주(1)+굴소스(0.5)+참기름(1)

불고기양념 간장(1.5)+미림(1)+배즙(1)+꿀(1)

배즙 대신 시중에 나와 있는 배 음료를 사용해도 좋아요.

양념 설탕(1)

곁들임채소 양파(¼개), 토마토(1개), 영양부추(⅓줌=30g)

드레싱 식초(1)+꿀(1)+포도씨유(2)+소금(약간)+후춧가루(약간)

Recipe

1

쇠고기는 3cm 크기로 썰어 **밑간**하고,
냉동고에 있는 남은 고기를 사용해도 돼요.

2

양파는 얇게 채 썰어 찬물에 담가 매운
맛을 제거하고, 토마토는 얇게 슬라이스
하고, 영양부추는 3cm 길이로 썰고,

3

달군 팬에 포도씨유(1)를 두르고 밑간한
고기를 볶다가 **불고기양념**을 넣어 볶고,

4

고기가 익으면 팬 한쪽에 설탕을 넣고
캐러멜 향이 나도록 살짝 태운 뒤 고기
에 섞어 재빨리 볶고,

바싹 불고기라고 해도 너무 바싹 구우면 안
돼요. 육즙이 살아 있도록 적당히 노릇하게
구워주는 것이 포인트입니다!

5

접시에 슬라이스한 토마토와 고기를 담
고 물기를 제거한 양파와 부추를 올린
뒤 **드레싱**을 뿌려 마무리.

안초비 버터와 삼치 스테이크

두바이에서 출발하는 파리행 비행기에서 우연히 만난 프랑스 미슐랭 1스타 셰프 패트리스는
짧은 시간동안 많은 요리를 가르쳐 주셨어요 당시 불어는 겨우 네 마디 밖에 모르지만 요리에 대한 열정만큼은 최고였던
제게 감동 받으셨대요 트러플 요리의 대가이자 아버지 같던 그를 따라 프랑스 사계절의 시장을
다 둘러볼 수 있었는데, 여름철 맛있는 농어와 트러플 버터를 이용해 만든 요리들이 인상 깊었죠
한국에 돌아와서는 트러플을 구입하기 어려워 안초비 버터를 만들어 사용하고, 농어대신 삼치를 구입해 요리해요
이 요리를 만들 때면 우연히 인연을 맺어 열심히 요리를 배웠던 그 시절이 생각나요

Ingredients

주재료 안초비(3마리), 삼치(스테이크용 2조각=150g)

삼치 대신 농어를 사용해도 좋아요.

부재료 양파($\frac{1}{3}$개), 파슬리(1대), 민트(15장), 레몬(약간),
양송이버섯(8개), 버터(5), 미니양배추(5개),

소스 화이트와인($\frac{1}{2}$컵), 생크림($\frac{1}{2}$컵)

양념 타임(2줄기), 소금(약간), 후춧가루(약간)

Recipe

1

양파, 안초비, 파슬리, 민트는 곱게 다지고, 레몬은 노란 껍질 부분만 제스터로 얇게 썰고, 양송이버섯은 슬라이스하고,

2

실온의 버터에 양송이버섯을 제외한 손질한 재료를 넣고 섞은 뒤 얼음틀에 넣어 냉장고에 두고,

3

삼치는 껍질에 3군데 칼집을 넣어 포도씨유(1)를 두른 달군 팬에 올려 앞뒤로 노릇하게 익혀 타임, 소금, 후춧가루로 간하고 미니양배추를 넣어 같이 익혀 꺼내고,

4

팬에 포도씨유(1)를 두르고 양송이버섯을 넣어 센 불로 볶다가 화이트와인을 넣고 와인이 반쯤 증발하면 약한 불로 줄이고,

5

냉장고에서 꺼낸 안초비 버터큐브와 생크림을 넣고 소금과 후춧가루로 간을 맞추고 불을 끄고,

6

구워놓은 삼치와 미니양배추에 소스를 끼얹어 마무리.

삼치 구울 때 사용한 타임은 장식으로 살짝 얹어주세요.

청매실 떡갈비

한복 디자이너이신 이영희 선생님과 천연염색을 배우러 전라남도 광양 옆 구례에 갔었어요
천연염색 장인이신 안화자 선생님께 천연염색과 더불어 매실청 담그는 법도 배우고, 돌아오는 길엔 담양에 들러
떡갈비도 먹었어요 그때 떡갈비와 매실의 매력에 빠져 청매실 떡갈비를 만들었어요.
신선한 갈빗살과 목살에 잘게 다진 은행을 섞어 쫄깃한 맛을 내고 향긋한 청매실 장아찌를 넣어 노릇하게 구워
쫄깃함과 향긋함, 달콤 짭쪼름함이 동시에 느껴지는 별미랍니다. 지인께 선물로 만들어 갔는데 감동하시더라고요

Ingredients

주재료 청매실 장아찌(6알), 다진 쇠고기 갈빗살(150g), 다진 쇠고기 목살(150g)
부재료 은행(15개), 양파(⅓개), 새송이버섯(1개), 잣(약간), 대파(1대), 쪽파(1대)
양념장 설탕(1)+전분(1)+간장(1)+다진 마늘(1)+참기름(0.5)
조림장 간장(0.5)+생강즙(0.5)+꿀(0.5)+참기름(0.5)

Recipe

청매실 장아찌는 물에 씻어 물기를 제거하고, 은행은 기름에 살짝 볶아 껍질을 제거한 후 다지고, 양파와 새송이버섯은 잘게 다져 식용유(1)를 두른 팬에 볶아 식히고,

양파와 새송이버섯은 기름에 볶아 완전히 식혀야 쉽게 상하지 않아요.

잣, 대파는 잘게 다지고, 쪽파는 송송 썰고,

볼에 다진 갈빗살과 목살을 넣고 볶은 양파와 새송이버섯, 다진 은행, 다진 파, 양념장을 모두 넣어 5분간 치댄 뒤 청매실 장아찌를 넣고 타원형으로 빚고,

식용유(1)를 두른 팬에 올리고 중간 불에서 앞뒤로 1분씩 지지고,

고기가 익으면 조림장을 넣고 끼얹어가며 조리고,

타지 않게 중간 불에서 조리하세요.

청매실 떡갈비에 다진 잣과 다진 쪽파를 얹어 마무리.

마늘향 가득한 장어구이

막내로 태어난 저는 집에서 사랑을 많이 받고 자랐어요.
오빠, 언니가 음식을 가릴 때 전 편식 없이 뭐든 맛있게 먹어서 더 그랬는지 몰라요.
칭찬의 힘이 컸던 모양인지 몸에 좋다는 장어도 어릴 때부터 참 맛있게 먹었어요.
오늘은 팬에서 구워 바삭하고 짭조름한 장어구이와 아삭한 채소가 어우러진 스태미나 요리를 소개해드릴게요.
이 방법대로 만들면 남녀노소 다 좋아할 거예요.

Ingredients

주재료 장어(1마리), 감자전분($\frac{1}{2}$컵)

밑간 레드와인(1)+미림(2)+소금(약간)+후춧가루(약간)

부재료 마늘(10쪽), 오이($\frac{1}{2}$개), 대파 흰 부분(1대), 생강(1쪽), 깻잎(5장)

장어소스 설탕(1)+간장(1)+물(1)+굴소스(0.5)+마요네즈(1)+물엿(0.5)+참기름(0.3)+고추기름(0.5)

Recipe

1

장어는 손질해 먹기 좋은 크기로 썰어 **밑간**하고,

장어손질법: 도마에 껍질이 위로 오게 장어를 올리고 도마를 기울인 뒤 끓는 물을 끼얹어 주고, 칼끝으로 미끈한 진액을 긁어내세요.

2

감자전분을 고루 묻혀 여분의 가루는 털어내고,

3

마늘은 얇게 저며 썰어 30분 정도 찬물에 담가두고, 오이는 얇게 썰어 소금물에 담갔다 건져 물기를 꼭 짜고, 대파와 생강, 깻잎도 얇게 채 썰어 찬물에 담갔다 건져 물기를 제거하고,

마늘은 칼이나 슬라이서를 이용해 최대한 얇게 썰어야 바삭해져요. 이왕이면 찬물에 하룻밤 정도 담가 전분기를 완전히 제거하는 게 좋아요.

4

팬에 포도씨유(3컵)를 둘러 160℃로 달군 뒤 마늘을 넣고 튀겨 꺼내고, 장어도 앞뒤로 튀기듯 굽고,

5

팬에 **장어소스**를 넣고 끓으면 구운 장어를 넣고 고루 버무리듯 볶고,

6

그릇에 담고 오이, 생강과 튀긴 마늘, 깻잎, 대파를 얹어 마무리.

바싹 보쌈

어릴 때부터 아는 게 많아 먹고 싶은 게 참 많은 아이였던 저는 세계 어느 곳에 가도 꼭 먹고 싶은 것은
먹어야 직성이 풀려요 특히 두바이에선 종교적인 이유로 돼지고기를 구하기 어려웠는데 수소문해서라도 돼지고기를 손에 넣었죠
그때 보쌈이 너무 먹고 싶어 통삼겹살을 구해 향신채소(양파, 대파, 생강 등)와 함께 찐 다음 바싹하게 구워 새콤달콤 시원한 장아찌와
함께 먹었어요. 외국친구들도 불러 같이 먹었는데 다들 어찌나 좋아하던지, 게 눈 감추듯 먹던 그들이 생각나요.

Ingredients

주재료 마늘종(5개), 청양고추(5개), 통삼겹살(500g)

향신채소 양파(2개), 대파(1 대), 생강(1 쪽)

통삼겹살 양념 청주(2), 소금(약간), 후춧가루(약간)

장아찌 양념 설탕(2)+간장(5)+식초(5)+물(5)

Recipe

1

마늘종은 5cm 길이로 썰고, 청양고추는 5mm 두께로 어슷 썰고, 냄비에 **장아찌 양념**을 넣고 끓어오르면 마늘종과 청양 고추에 부어 상온에 반나절 두고,

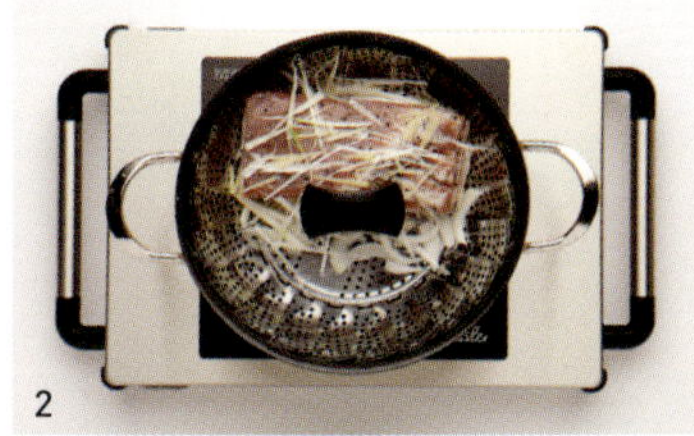

2

양파(1 개)와 대파, 생강은 채 썰어 찜기 에 올리고, 삼겹살은 물로 씻어 **통삼겹살 양념**으로 간해 찜기에 올리고 뚜껑을 덮 어 40분간 찌고,

청주 대신 비법 생강술을 만들어 재워보세요.

3

찐 삼겹살을 꺼내 키친타월로 수분을 제 거한 뒤 달군 팬에 6면을 각각 30초씩 바삭하게 굽고,

돼지고기를 구울 때 간장(3)과 설탕(1)을 넣고 조려줘도 맛있어요.

4

1cm 두께로 먹기 좋게 썰어 그릇에 담고,

5

절여둔 장아찌를 곁들여 마무리.

바싹 보쌈은 짭조름한 명이나물에 싸서 먹 어도 맛있어요.

닭다리 데리야키 치아바타

겉은 바삭하지만 속은 쫄깃하고 부드러운 슬리퍼 모양의 치아바타 빵에
데리야키소스로 구운 닭다리살을 곁들인 요리예요. 한번 맛보면 자꾸 생각이 날 만큼 맛있답니다.
아삭한 양상추와 양파, 토마토를 곁들이면 환상적인 한 끼 식사가 됩니다.

주재료 닭다리살(4조각), 양상추(4장), 양파($\frac{1}{2}$개), 토마토($\frac{1}{2}$개), 치아바타(2개)

데리야키소스 생강(1쪽)+설탕(1.5)+간장(3)+청주(2)

마요소스 마요네즈(3)+홀그레인 머스터드(2)+꿀(1)

홀그레인 머스터드가 없으면 머스터드 또는 씨겨자를 사용하세요.

양념 소금(약간), 후춧가루(약간)

1

냄비에 **데리야키소스**를 넣고 끓여 걸쭉해지면 불을 끄고 식히고,

2

닭다리살은 칼집을 넣고 소금, 후춧가루로 간한 뒤 데리야키소스에 20분간 재워두고,

3

양상추는 손으로 뜯어 씻은 뒤 체에 받쳐 물기를 제거하고, 양파는 링 모양을 살려 썬 뒤 얼음물에 담갔다가 건져 물기를 제거하고, 토마토는 5mm 두께로 슬라이스하고,

4

치아바타는 반으로 갈라 마른 팬에 올려 앞뒤로 각각 30초씩 구워 꺼내고,

햄버거빵도 좋고 바게트도 어울려요. 하지만 적당이 쫄깃하고 부드러운 치아바타가 역시 최고랍니다.

5

팬에 올리브유(1)를 두르고 재워둔 닭다리살을 노릇하게 구워 꺼내고,

양념이 탈 수 있으니 중간 불에서 약한 불로 줄이면서 익혀주세요

6

치아바타 양쪽에 **마요소스**를 바르고 양상추, 양파, 닭다리살, 토마토를 얹어 마무리.

목살 스테이크와 무화과소스

외국생활 할 때부터 지금까지 자주 만들어 먹는 요리중 하나예요
두툼하게 스테이크용으로 썬 목살을 육즙을 살려 구운 다음, 건무화과를 졸인 와인소스에 찍어 먹으면
기분이 날아갈 것 같거든요 부드럽고 쫄깃한 목살을 입안에 넣는 순간 기분이 업 된답니다.

Ingredients

주재료 스테이크용 돼지목살(2조각＝400g)

부재료 통마늘(2개), 느타리버섯(1줌)

무화과 와인소스 레드와인(1컵), 설탕(0.5), 무화과(2개)

양념 미트솔트(0.4), 소금(약간), 후춧가루(약간), 파슬리가루(약간), 버터(1), 로즈마리(1줄기)

가니쉬 비법솔트(약간)

Recipe

1

목살은 손으로 마사지해 일정한 두께로 만들고 미트솔트로 밑간해 10분간 두고

돼지고기는 꼬냑이나 화이트와인으로 누린내를 제거하기도 해요. 미트솔트 대신 소금, 후춧가루, 송송 썬 실파, 으깬 통후추를 섞은 비법솔트를 사용해도 좋아요.

2

통마늘은 깨끗이 씻어 끓는 물에 7분간 삶아 물기를 제거한 뒤 올리브유(1)를 두른 팬에 올려 소금, 후춧가루로 간하며 노릇하게 굽고,

3

느타리버섯도 먹기 좋게 손질해 올리브유(1)를 두른 팬에 넣고 볶아 소금, 후춧가루로 간하고 파슬리가루를 뿌리고,

느타리버섯은 표고버섯이나 송이버섯 등으로 대체 가능합니다.

4

센 불로 달군 팬에 목살을 올려 앞뒤로 1분씩 구운 뒤 약한 불로 줄여 버터와 로즈마리를 넣어 향을 더해가며 노릇하게 구워 꺼내고,

센 불로 겉은 바삭, 속은 부드럽게 익힌 뒤 약한 불에서 노릇하게 굽는 게 포인트예요. 구운 후에는 오목한 접시에 담아 쿠킹포일로 덮어 육즙을 보호해주세요.

5

냄비에 레드와인과 설탕을 넣어 중간 불에서 끓으면 약한 불로 줄여 와인이 반으로 줄어들 때까지 졸이고 3등분한 무화과를 넣고 걸쭉하게 끓여 불을 끄고,

와인소스 대신에 발사믹 리덕션이나 그레이비소스, 페퍼크림소스 등을 사용해도 좋아요.

6

접시에 구워 놓은 통마늘, 느타리버섯과 목살을 얹고 무화과 와인소스와 비법솔트를 뿌려 마무리.

깐풍 닭날개구이

저에겐 '독수리 5형제'라 불리는 친구들이 있어요. 현철, 정윤, 승권, 신형 그리고 저!
덩치가 가장 큰 정윤이가 유럽에서 소매치기를 당했을 때 경찰서에 같이 가 도와주면서 우정을 다지게 되었죠.
한국에 돌아온 독수리 5형제는 가끔 저희 집에 모여 야구나 축구경기를 보곤 하는데 맥주 안주로 매콤 새콤 달콤한 깐풍 닭날개구이를
만들어주면 다들 엄지를 치켜든답니다. 저에게 깐풍 닭날개구이는 우정을 다지는 요리예요.

Ingredients

주재료 닭날개(12조각), 우유(2컵)

부재료 청피망(½개), 홍피망(½개), 대파(½대), 마른고추(3개), 다진 마늘(1), 생강(3쪽), 청주(1)

밑간 청주(1), 소금(약간), 후춧가루(약간)

튀김옷 녹말가루(2컵)+커리가루(1)

깐풍소스 설탕(1)+간장(1)+식초(1)+물(3)+굴소스(1)+참기름(0.3)+후춧가루(약간)

Recipe

1

닭날개는 찬물에 씻어 핏물을 제거한 뒤 우유에 담가 30분간 재우고,

우유가 닭고기의 누린내를 잡아 준답니다.

2

체에 밭쳐 수분을 제거하고 볼에 담아 **밑간**에 버무린 뒤 **튀김옷**을 입히고,

3

피망은 곱게 다지고, 대파는 잘게 썰고, 마른고추는 5mm 두께로 가위로 자르고, 생강은 잘게 슬라이스하고,

4

170℃로 달군 식용유(3컵)에 닭날개를 넣고 5분간 튀겨 노릇해지면 키친타월에 올려 기름기를 빼고,

기름에 녹말을 약간 넣었을 때 녹말이 바닥을 치고 올라오면 170℃예요.

5

팬에 식용유(1)를 두르고 마른고추를 넣어 5초간 볶다가 피망, 대파, 다진 마늘, 채 썬 생강을 넣고 달달 볶은 뒤 청주를 넣어 향을 날리고,

6

깐풍소스를 넣고 끓어오르면 튀긴 닭날개를 넣어 재빨리 버무리고 접시에 담아 마무리.

채썬 대파 일부는 가니쉬로 사용하세요.

페퍼스테이크와 매시드포테이토

프랑스 미슐랭스타 레스토랑 근무 시절 말이 안 통해 힘들어할 때 프랑스인 니콜라라는 선임은 저를 참 잘 챙겨주었어요
불어가 뜻대로 늘지 않아 이리저리 혼날 때 영어를 못하는 니콜라는 오히려 저 때문에 영어를 배울 정도로 많이 도와주었죠
일이 끝나고 힘들어 혼자 서럽게 울고 있을 때면 남아 있는 고기에 통후추를 거칠게 빻아 뿌려 굽다가 꼬냑을 넣어
불을 붙여 요리해 주곤 했는데 입안에 풍미가 화악 퍼지면서 정말 맛있었죠 통후추의 매콤함이 스테이크에 어우러져 맛이 기가 막힌답니다.
특히 매시드 포테이토는 너무 부드럽고 맛있어서 자꾸만 손이 가요 소중한 사람들을 초대하는 날 대접해보세요!

Ingredients

주재료 통후추(3), 스테이크용 쇠고기 등심(채끝 2조각=500g), 꼬냑(4), 소금(약간), 파슬리가루(약간)
레드와인을 사용해도 되지만 꼬냑은 육질을 부드럽게 하고 고기 특유의 풍미를 살려줘요.

매시드 포테이토 재료 감자(2개), 우유(1컵), 생크림(2), 소금(약간), 후춧가루(약간)

데미글라스소스 시판 데미글라스소스(1컵), 육수(5), 차가운 버터(1), 소금(약간), 후춧가루(약간)

Recipe

1

2

3

감자는 껍질을 제거하고 찬물(1컵)과 우유(1컵)를 넣은 냄비에 넣고 중간 불에서 20분간 삶고,

믹서에 삶은 감자와 생크림(2)을 넣어 갈고 소금, 후춧가루로 간을 해 매시드 포테이토를 만들고,

통후추는 칼로 거칠게 다진 뒤 접시에 넓게 펼쳐 담고, 고기는 손으로 쓰다듬어 두께를 일정하게 한 뒤 소금을 뿌리고 다진 후추를 가볍게 묻히고,

4

5

6

센 불로 달군 팬에 해바라기씨유(1)를 두르고 등심을 올려 한 면에 2분씩 뒤집어가며 구운 뒤 기름을 버리고,

불에 다시 냄비를 올려 꼬냑을 부어 불을 붙이고, 불이 사그라지면 고기를 오목한 접시에 담아 쿠킹포일로 덮어 놓고,
불은 저절로 꺼지니까 불지 마세요

고기를 구운 팬에 데미글라스소스와 육수를 넣어 1분간 중간 불에서 끓인 뒤 차가운 버터를 넣어 불을 끄고 소금, 후춧가루로 간하고,

7

접시에 매시드 포테이토를 얹고 스테이크를 담은 뒤 소스와 파슬리가루를 뿌려 마무리.

감자가 식었다면 팬에 버터를 약간 넣고 소금, 후춧가루로 간을 하고 중간 불에서 따뜻해질 때까지 데우세요.

새우&채소튀김

새우튀김은 저희 오빠가 가장 좋아하는 음식이에요 때론 무뚝뚝한 오빠의 거친 표현방식이 저를 많이 울렸지만
오빠의 말이라면 무엇이든 따랐어요 제가 중학교 때부터 오빠의 새우튀김 전담반이었는데,
새우와 채소튀김을 많이 하다 보니 실력이 일취월장했죠
지금은 형부도 새우튀김을 좋아해 가족들이 모이면 빼놓지 않고 만든 답니다.

Ingredients

주재료 타이거 새우(10마리), 단호박($\frac{1}{2}$개), 쑥갓(6줄기), 튀김가루(1컵)

단호박 밑간 설탕(1), 소금(0.2), 물(2)

새우 밑간 청주(0.3), 참기름(0.3), 후춧가루(약간)

튀김옷 튀김가루($1\frac{1}{2}$컵), 얼음물(1컵)

튀김소스 설탕(1)+간장(1.5)+식초(1)+물(5)+생강즙(0.3)+레몬즙(0.5)+무즙(3)

Recipe

1

새우는 껍질을 벗겨 내장을 제거한 뒤
물총을 떼고 배에 칼집을 넣고,

꼬리의 물총을 떼어내야 튀길 때 기름이 튀
지 않아요. 또 칼집을 골고루 넣어야 새우가
휘지 않아요.

2

단호박은 반으로 갈라 속을 긁어내고 껍
질을 벗겨 얇게 썰고 **단호박 밑간**에 10
분간 재워 두었다가 체에 밭쳐 물기를
제거하고, 쑥갓은 연한 줄기와 잎을 떼고
씻어 물기를 털어내고,

3

새우 밑간에 새우를 버무린 뒤 튀김가루
를 묻혀 여분을 털어내고, 단호박, 쑥갓
은 튀김가루를 가볍게 한쪽만 묻히고,

쑥갓이나 깻잎은 가볍게 한쪽만 묻힌 후 튀
김옷을 입혀야 두껍게 익혀지지 않아요.

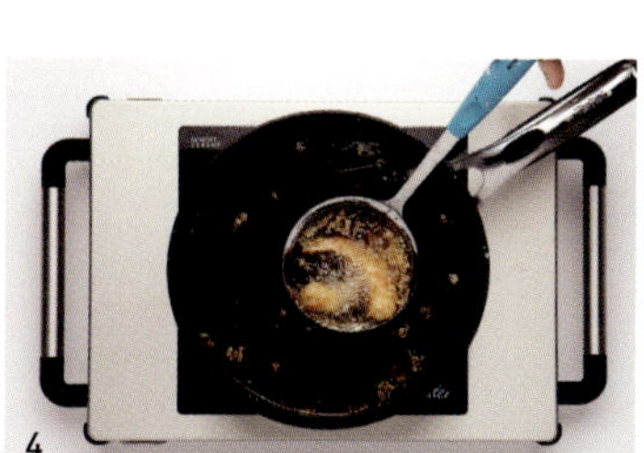

4

튀김옷을 섞어 새우, 호박, 쑥갓을 담갔
다가 꺼낸 뒤 180℃로 달군 식용유에 각
각 바삭하게 튀겨 건지고,

바삭하게 튀기고 싶다면 튀김옷은 가루가
듬성듬성 보이게 대충 섞어주세요.

튀김옷을 기름에 떨어뜨렸을 때 냄비 바닥
을 재빨리 치고 올라올 때 튀기면 됩니다.
새우를 넣은 뒤 젓가락으로 새우를 만져서
바삭하게 느껴지면 꺼내주세요.

5

접시에 튀김을 담고, **튀김소스**를 섞어 곁
들여 마무리.

소스를 만드는 동안 새우를 체에 밭치거나
키친타월 위에 올려서 기름을 빼세요.

Chef's Advice

- 해산물은 튀긴 후에 식혀서 한 번
  더 튀겨주면 더 바삭해요.
- 채소는 깻잎이나, 당근, 고구마, 연
  근 어떤 것이든지 대체할 수 있어
  요. 순서는 재료손질→밑간→튀김
  가루→튀김옷→튀기기로 동일하답
  니다. 튀김가루를 미리 묻히면 눅눅
  해집니다. 튀기기 전에 묻혀서 튀김
  옷에 한 번 더 코팅하고 기름에 바
  로 퐁당!

해물 파에야

스페인은 제가 가본 나라 중에 가장 아름다운 곳이에요. 특히 건축물도 예쁘고 맛있는 음식도 정말 많아요.
그중에 파에야는 스페인 전통 요리로 여러 가지 해산물을 재료로 하고, 우리나라 볶음밥과 비슷해요.
해산물을 좋아하는 저는 파에야를 한번 맛본 후 제 장기 요리 중 하나로 추가했죠. 원래 파에야는 바닥이 얕고 양쪽에 손잡이가 달린
프라이팬을 가리키는 말인데, 장작불을 피워놓고 큰 팬에다 밥을 볶아 먹은 데서 유래되었다고 해요.

Ingredients

주재료 홍합(10개), 백합(4개), 새우(2마리), 오징어($\frac{1}{2}$마리), 닭다리살(1조각), 불린 쌀(2컵)

부재료 양파($\frac{1}{4}$개), 청피망($\frac{1}{2}$개), 홍피망($\frac{1}{2}$개)

양념 소금(0.3), 후춧가루(약간), 커리가루(1), 다진 마늘(1), 화이트와인($\frac{2}{3}$컵), 닭육수(3컵)

Recipe

1

홍합, 백합, 새우, 오징어는 깨끗이 손질하고,

2

양파, 피망, 닭다리살은 먹기 좋은 크기로 썰고,

3

팬에 올리브유(1)를 두르고 양파, 피망을 넣고 볶다가 닭다리살을 넣어 소금, 후춧가루, 커리가루로 간하고,

'샤프란'이라는 향신료를 넣으면 색이 더 노래진답니다. 샤프란은 인터넷 상점에서 구입 가능해요!

4

불린 쌀을 넣고 약한 불에서 2분간 볶다가 센 불로 높여 화이트와인을 넣어 알코올을 날리고,

5

닭육수를 3번에 나눠 붓고 육수가 거의 흡수될 때까지 저어가며 끓이다가 육수가 자작해지면 새우와 홍합, 백합, 오징어를 얹고,

6

뚜껑을 덮어 약한 불로 5분간 뜸을 들여 마무리.

통오징어와 와인소스

스무 살 겨울, 속초의 대포항으로 친구와 놀러 갔어요. 횟집을 이리저리 기웃거리는데,
회를 먹으면 오징어회를 무한 공짜로 준다는 거예요 그래서 회를 먹고 덤으로 오징어회까지 실컷 먹었는데 어찌나 달던지!
그렇게 맛있는 오징어를 처음 먹어보았죠 신선한 오징어는 그냥 쪄서 먹어도 맛있어요 저는 손님을 초대할 때 꼭 샐러드를 준비하는데,
겨울철 통통한 오징어를 화이트소스와 곁들여 내면 끝내주는 샐러드가 만들어진답니다.

Ingredients

주재료 오징어(2마리), 마늘(1쪽)

밑간 소금(약간), 후춧가루(약간)

가니쉬 양상추(1줌), 비타민(약간), 라디치오(약간)

양념 화이트와인(2), 화이트와인 비네거(2), 타임(2), 차가운 버터(1), 소금(약간), 후춧가루(약간), 다진 파슬리(약간)

레몬을 곁들이면 상큼한 맛을 더할 수 있어요.

Recipe

오징어는 깨끗이 씻어 배를 가르지 않고 내장을 제거한 뒤 1cm 간격으로 칼집을 넣고 소금과 후춧가루로 밑간하고,

오징어는 투명하고 윤기가 있으면서 약간 검은 색을 띠는 것이 신선하답니다. 잘 모르겠다면 손으로 만졌을 때 다리가 손에 착착 들러붙는 것을 고르세요.

마늘은 슬라이스하고, 양상추와 비타민, 라디치오는 먹기 좋게 뜯어 찬물에 씻어 물기를 제거한 뒤 냉장고에 두고,

팬에 올리브유(1)를 두르고 센 불에 칼집을 낸 면을 먼저 구운 후 뒤집어 굽고, 화이트와인과 화이트와인 비네거를 넣어 끓이고,

마늘, 타임을 넣고 끓이다가 차가운 버터를 넣어 한 번 더 끓이고 소금, 후춧가루, 다진 파슬리로 간을 하고,

접시에 채소를 담고 오징어와 팬에 남은 소스를 얹은 뒤 마무리.

가니쉬로 비법솔트와 신선한 레몬을 사서 즙과 제스트를 직접 뿌려내면 훨씬 더 맛있어요.

닭가슴살 구이와 라따뚜이

따뜻한 프랑스 남부지방 요리인 라따뚜이는 토마토, 가지, 호박으로 만든 스튜예요 영화에서도 나오는 라따뚜이를
저는 소스처럼 다른 재료와 곁들여 먹는 것을 좋아하는데요 특히 가지로 감싼 닭가슴살과 굉장히 잘 어울리는데, 여기서 포인트는
닭가슴살을 부드럽게 익히는 거예요. 팬에서 살짝 익힌 닭가슴살을 가지로 감싸 치즈를 뿌리고 오븐에서 한 번 더 구워주면
부드럽고 육즙이 가득한 근사한 스테이크가 되죠 먹어보면 반하실 거예요

Ingredients

닭가슴살 구이 재료 닭가슴살(2조각), 가지(1개), 주키니(½개), 화이트와인(2), 슈레드 모차렐라치즈(1컵)

마리네이드 소스 올리브유(2)+양파즙(1)+허브솔트(0.3)+후춧가루(약간)

라따뚜이 재료 토마토(½개), 양파(¼개), 가지(½개), 주키니(½개), 청피망(¼개), 홍피망(¼개), 토마토 페이스트(1), 화이트와인(1), 물(1),
바질(약간), 소금(약간), 후춧가루(약간)

Recipe

1

닭가슴살은 칼집을 넣은 뒤 **마리네이드 소스**를 넣어 10분간 두고, 가지와 주키니는 3mm 두께로 얇게 슬라이스하고,

2

팬에 올리브유(1)를 두르고 가지와 주키니를 넣어 소금, 후춧가루로 간하며 구워 수분을 없애고,

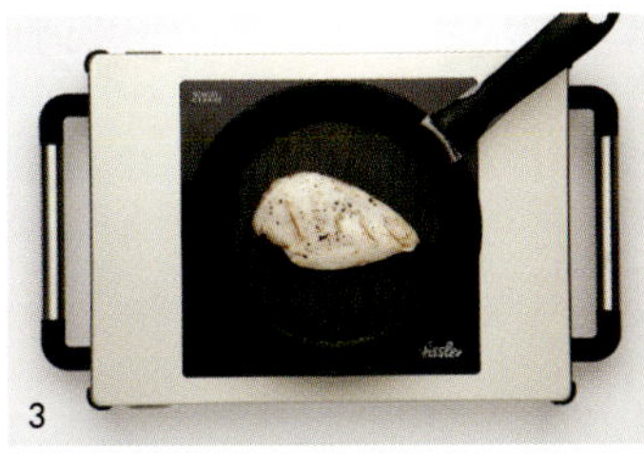

3

닭가슴살도 앞뒤로 구워 화이트와인(2)을 넣어 알코올 날려준 후 익히고,

4

가지와 주키니를 겹쳐 닭가슴살을 감싸고 슈레드 모차렐라치즈를 얹어 190℃로 예열한 오븐에서 3분간 굽고,

프라이팬에 구울 땐 중간 불에서 뚜껑을 닫아 1분간 굽다가 약한불로 줄여 2분 더 구워요.

5

라따뚜이 재료 중 토마토, 양파, 가지, 주키니, 피망은 작게 깍뚝 썰고,

6

팬에 올리브유(1)를 두르고 라따뚜이용 양파, 주키니, 가지, 피망, 토마토 순으로 볶다가 토마토 페이스트를 넣고 화이트와인과 물을 넣어 알코올을 날리고 바질, 소금, 후춧가루로 간하고,

7

접시에 따뜻한 라따뚜이를 담고 가지로 감싼 닭가슴살 구이를 올려 완성

비법솔트를 뿌리면 더 맛있어요.

사두면 유용한 제품들

1. 펄양파피클

펄양파는 작은 양파예요. 피클처럼
만들어 양파의 향긋하고 매콤한 맛과
새콤함을 느낄 수 있어 음식을 먹을 때
곁들여 먹으면 느끼함이 없어져요.

2. 머스터드

머스터드는 튀김 요리나 고기 요리 등에
들어가는 소스나 양념으로 사용할 수
있어요.

3. 그린 올리브

그린 올리브는 안 익은 올리브를 따서
절인 것으로 아삭하고 맛이 좋아요. 와인
안주나 식전에 입맛을 돋우는 용으로
먹기 좋아요.

4,5. 홀토마토 &
잘게 썬 토마토 통조림

토마토 통조림은 토마토의 껍질을
벗기지 않고 간편하게 사용할 수

있다는 장점도 있지만 맛도 훨씬
좋아요. 그래서 토마토소스를
만들 때는 통조림을 더 많이 써요.
특히 이탈리아에서 자란 토마토는
우리나라보다 햇빛을 많이 받아 당도가
높고 맛이 풍부해요. 하지만 토마토를
믹서에 갈면 씨 때문에 신맛이 나기
때문에 손으로 으깨서 사용하는 것이
좋아요.

6. 데미글라스소스

브라운소스와 육수를 넣어 반으로 졸인
것으로 통조림으로도 나와 있어요.
스테이크 소스를 만들 시간이 없으면

다진 양파와 양송이버섯을 볶다가
데미글라스소스를 넣어 한 번 끓이기만
하면 완성된답니다.

7. 칼라마타 올리브

씨가 들어 있는 칼라마타 올리브는
육즙과 아삭함이 살아 있어요.
맛이 강하고 진하면서 쓴맛 없이
달짝지근합니다.

8. 토마토 페이스트

토마토를 이용한 소스나 요리에
넣어주면 맛이 한결 풍부해져요.

9. 할라피뇨

음식과 같이 사이드 메뉴로 내놓으면
먹기도 좋고 근사해져요 느끼한
음식이나 헤비한 요리에 함께 먹으면
좋아요.

10. 알프레드 크림소스

리조토나 스파게티, 오믈렛을 쉽고
간편하게 만들 수 있어요.

11. 치킨스톡

맛있는 음식의 포인트는 육수예요
육수를 낼 시간이 없을 때 급하게
사용할 수 있어요.

12. 안초비

한국의 멸치젓과 비슷한 안초비는
소금으로만 절여져 있는데 볶음밥이나
스파게티를 만들 때 사용하면 맛있어요

13. 홀그레인 머스터드

홀그레인 머스터드는 씨가 그대로
들어가 있어 음식에 머스터드의 향을
한층 더 살려줘요
닭고기, 소고기, 해산물을 양념에

재울 때나 소스나 드레싱을 만들 때
생크림이나 크림치즈와 섞어 넣어주면
좋아요. 어떤 요리에 첨가하더라도
부드러운 향과 알갱이가 살아 있어
음식의 맛을 좋게 합니다.

14. 그린올리브

3번과 동일한 종류에요.

15. 토마토소스

토마토소스가 필요한 리조토, 스파게티,
오믈렛 요리와 토마토 해물찜을 만드는
데 많이 사용합니다. 토마토 육즙이
가득한 통조림을 사용하세요.

건강하고 가벼운 한 접시

Green

도미 카르파초

두바이의 Al Mahara는 세계 최고 레스토랑 50위 안에 든 시푸드 레스토랑인데요.
도미 카르파초는 제가 Al Mahara에서 근무할 때 내놓았던 에피타이저 메뉴예요.
얇게 포를 뜬 신선한 도미에 아삭한 색색의 파프리카와 상큼한 드레싱을 얹어 향긋한 루콜라와 함께 먹는데요.
집에서도 간단하게 셰프의 음식을 맛볼 수 있답니다!

Ingredients

주재료 포 뜬 도미($\frac{1}{2}$마리)

대형 마트에는 포 뜬 생선이 있답니다. 포장된 것이 없다면 구입 시 포를 떠달라고 요청하세요!

부재료 양파($\frac{1}{4}$개), 노란 파프리카($\frac{1}{4}$개), 붉은 파프리카($\frac{1}{4}$개), 주황 파프리카($\frac{1}{4}$개)

가니쉬 루콜라(1줌), 케이퍼(10개)

드레싱 소금(0.4)+다진 파슬리(0.2)+레몬오일(3)+후춧가루(약간)

Recipe

1

양파와 파프리카는 잘게 다지고,

파프리카는 한 가지 색을 사용해도 되지만 다양한 색을 사용하면 보기에 더 좋아요.

2

드레싱을 고루 섞은 뒤 다진 양파와 파프리카를 넣어 섞고,

3

루콜라는 찬물에 깨끗이 씻어 체에 밭쳐 물기를 제거하고 케이퍼는 얇게 슬라이스 하고,

4

접시에 포뜬 도미를 돌려 담고 그 위에 케이퍼를 얹어 장식하고 루꼴라를 얹었고 드레싱을 둘러 마무리.

Chef's Advice

도미 대신 광어나 우럭을 사용해도 맛있어요

토마토 모차렐라치즈 샐러드

토마토 카프레제는 이탈리아 카프리 섬에서 만들어져 '카프레제'란 이름이 지어졌답니다. 잘 익은 신선한 토마토와
고소한 모차렐라치즈에 발사믹식초만 있으면 근사한 한 접시가 되죠. 거기에 향긋한 바질과 잣으로 만든 바질페스토를 소스로 첨가하면
한층 더 고급스러워져요. 만들기도 쉬워서 제가 미국에 있을 때부터 파티가 있으면 꼭 만들어 가는 음식이에요. 발사믹 리덕션은
발사믹식초를 졸인 것인데, 열이 가해지면 산도는 낮아지고 단맛은 올라가면서 시럽과 같은 텍스처를 만들어낸답니다.

Ingredients

주재료 토마토(1개), 프레시 모차렐라치즈(150g)

바질페스토 생바질(10장)+잣(1)+올리브유(½컵)+파르메산치즈가루(2)+다진 마늘(1)

양념 발사믹 리덕션(3)

발사믹 리덕션은 발사믹식초를 졸인 것을 말하는데 발사믹식초(2컵)+설탕(2)를 섞으면 직접 만들 수 있어요

가니쉬 물냉이(1줌), 올리브유(1), 소금(약간), 후춧가루(약간)

Recipe

1

바질페스토는 푸드 프로세서에 넣고 곱게 간 뒤 소금, 후춧가루를 넣어 간하고,

바질페스토를 만들어 냉장고에 보관해두고 샐러드나 고기요리 소스로 사용해도 좋아요!

2

토마토는 먹기 좋게 썰고, 모차렐라치즈는 물기를 제거한 뒤 토마토와 같은 크기로 썰어 체에 밭쳐두고,

3

물냉이는 깨끗이 씻어 올리브유와 소금, 후춧가루로 간하고,

4

접시에 바질페스토를 뿌리고 그 위에 토마토와 모차렐라치즈를 돌려 담고,

5

가운데에 물냉이를 얹고 발사믹 리덕션을 뿌려 마무리.

토마토와 모차렐라치즈, 발사믹 리덕션에 약간의 소금과 후춧가루를 뿌려주면 간이 배어 더욱 맛있어요.

Chef's Advice

발사믹식초 드레싱 만들기!

바질페스토와 발사믹 리덕션 대신 발사믹식초 드레싱을 얹어내도 돼요. 발사믹식초는 포도식초를 말하는데, 숙성기간이 길면 길수록 향기와 풍미가 좋아진답니다. 샐러드드레싱은 물론 생선·육류 요리에 자주 쓰이며 아이스크림이나 과일에도 끼얹어 먹을 만큼 모든 요리에 어울리는 마법의 소스예요. 발사믹식초 드레싱은 발사믹식초(1)+올리브유(2)+다진 양파(2)+소금(약간)+후춧가루(약간)를 섞어주세요. 더 간단하게 준비하려면 다진양파를 생략하면 됩니다!

말린 토마토와 아스파라거스

봄이 되면 서양의 레스토랑에서는 아스파라거스의 향연이 벌어진답니다. 스위스, 프랑스, 독일 등 모든 곳에서
아스파라거스를 요리해요 제가 있던 곳들도 마찬가지였답니다. 심지어 스위스에 있을 때는 직접 아스파라거스 농장에 가서
재배한 기억도 나요 아스파라거스는 보통 홀렌다이즈 소스나 올리브유로 맛을 내는데 약간 무거운 느낌이 들어서 저는 산뜻하게
조리하는 편이에요 마음을 녹이는 수란의 부드러움과 신선한 토마토, 아스파라거스가 기분을 산뜻하게 만들어줄 거예요

Ingredients

말린 토마토 재료 토마토(3개), 마늘(2개)

시판 선드라이 토마토를 사용해도 돼요.

토마토 양념 소금(0.3), 설탕(0.2), 올리브유(1), 타임(약간)

수란 재료 달걀(4개), 소금(0.5), 식초(1)

샐러드 재료 아스파라거스(14개)

레몬드레싱 올리브유(2)+레몬즙($\frac{1}{4}$개)+식초(1)+소금(약간)+후춧가루(약간)

가니쉬 비타민(1줌), 래디시(1개), 파르메산치즈(약간)

Recipe

토마토를 4등분해 씨를 제거한 뒤 먹기 좋게 자르고, 마늘은 얇게 슬라이스하고, 오븐 팬에 쿠킹 페이퍼를 깔고 토마토껍질이 위로 올라오게 놓고 **토마토 양념**을 골고루 뿌리고 마늘을 올려 90℃ 오븐에서 4시간 건조시키고,

전자레인지를 사용할 때에는 랩에 싸서 5분간 돌려주면 돼요.

끓는 물(7컵)에 소금(0.5)과 식초(1)를 넣고 80℃로 끓인 뒤 달걀을 깨뜨려 넣고 3분간 삶아 건져 찬물에 담가 수란을 만들고,

온도계를 사용해도 좋지만 물이 끓으면 끓는 물 ½분량의 찬물을 넣고 약한 불로 줄여도 돼요.

아스파라거스는 밑동을 자르고 위의 4cm 정도를 제외한 부분을 필러로 껍질을 벗기고,

껍질은 섬유질 때문에 질겨요. 어린 아스파라거스는 밑동만 제거해도 괜찮아요.

끓는 물에 소금을 넣고 아스파라거스를 3분간 삶아 건진 뒤 얼음물에 넣어 아삭한 맛을 살려 물기를 제거하고,

삶지 않고 올리브유를 넣고 중간 불에서 2분간 소금, 후춧가루로 간하며 구워줘도 맛있어요.

아스파라거스를 접시에 담고 신선한 비타민과 얇게 썬 래디시, 말린 토마토, 수란을 차례로 얹은 뒤 **레몬드레싱**을 섞어 끼얹고 얇게 슬라이스한 파르메산치즈를 뿌려 마무리.

가니쉬로 파슬리가루나 비법솔트, 실파 등을 다양하게 응용해보세요.

Chef's Advice

- 말린 토마토는 선드라이 토마토라고도 부르는데 피자, 파스타, 샐러드 등 여러 요리에 맛을 돋우는 용도로 쓰인답니다. 많이 만들어 냉장고에 보관하면 언제 어느 요리에나 사용할 수 있어요. 시간이 없다면 백화점에서도 구입 가능합니다.
- 견과류가 들어간 호밀빵을 곁들여도 잘 어울려요. 호밀빵에 수란을 찍어 먹으면 부드러운 식감을 느낄 수 있어요.

수란과 꼴뚜기

프랑스 미슐랭스타 레스토랑에서 일하는 첫날, 꼴뚜기를 이용해 아뮤즈부시(Amuse-Bouche, 식전 입맛을 돋우는 요리)를 만들었어요.
아뮤즈부시는 '셰프의 선물'이란 뜻으로, 에피타이저와 비슷하지만 모양이 작고 레스토랑이나
셰프의 특징을 나타내주는 작고 특별한 요리라고 할 수 있어요. 매콤 짭조름한 초리조햄 맛이 밴 꼴뚜기와
부드러운 달걀소스, 신선한 샐러드의 조합이 환상적이랍니다. 특히 샴페인과 함께하면 아주 좋아요.

주재료 초리조햄(6장), 꼴뚜기(200g), 달걀(2개)

수란 재료 달걀(2개), 식초(1), 소금(0.5)

부재료 바게트(1개)

샐러드 재료 어린잎채소(1줌), 레몬오일(1), 소금(약간), 후춧가루(약간)

레몬오일이 없다면 올리브유로 대체해도 좋아요.

양념 버터(0.5), 화이트와인(1), 소금(약간), 후춧가루(약간), 다진 파슬리(약간)

Recipe

1

바게트는 먹기 좋게 썰어 굽고,

2

초리조햄은 다지고, 꼴뚜기는 깨끗이 손질해 물기를 제거하고,

초리조햄 대신 베이컨을 사용해도 됩니다. 하몽이나 파르마햄도 좋고요.

3

80℃로 끓는 물(10컵)에 식초 소금을 넣고 달걀을 깨뜨려 넣고 3분간 삶아 수란을 만들어 건져 찬물에 담그고,

물이 끓으면 끓는 물 ⅓분량의 찬물을 넣고 약한 불로 줄이면 80℃가 돼요.

4

팬에 버터를 넣고 꼴뚜기를 볶다가 화이트와인을 넣어 비린내를 제거하고 초리조햄을 넣은 뒤 소금, 후춧가루, 파슬리로 간을 하고,

5

어린잎채소는 물에 깨끗이 씻어 물기를 제거해 레몬오일과 소금, 후춧가루로 간하고,

6

접시에 구운 바게트, 꼴뚜기, 수란, 샐러드 순으로 담아 마무리.

Chef's Advice

초리조햄은 햄을 만들고 남은 돼지고기를 잘게 다져 각종 향신료를 섞어 만들어 건조하거나 훈연한 소시지입니다. 대형마트나 백화점 식품 코너에서 판매하며 슬라이스 되어 있는 것이 많아요. 덩어리로 사서 잘라 사용해도 된답니다.

표고버섯 샐러드

제 스승인 Chef. Black은 미국인이지만 아시아 요리를 굉장히 좋아했어요. 특히 표고버섯에 대한 애정이 남달랐죠.
하루는 창작요리를 내라는 과제가 떨어졌어요. 뭐를 만들까 고민하다가 셰프가 좋아하는 표고버섯과 제가 좋아하는 견과류를 이용해
음식을 만들어보자는 생각을 했어요. 제가 견과류의 여왕이라고 불릴 정도로 견과류를 많이 사용하던 시절이에요.
양파와 표고버섯을 노릇하게 구운 뒤 셰리비네거드레싱과 견과류를 얹어 향긋하고 고소한 샐러드를 만들었더니
셰프가 아주 맛있다고 한 접시를 다 비우시더라고요. 그 뒤로 저는 셰프의 사랑을 독차지했답니다.

Ingredients

주재료 표고버섯(8개), 마늘(4쪽), 양파(1개), 타임(2줄기)

부재료 잣(1), 캐슈넛(1)

양념 소금(약간), 후춧가루(약간), 버터(1), 칠리플레이크(0.5), 다진 파슬리(약간)

가니쉬 어린잎채소(1줌), 핑크페퍼콘(약간)

셰리비네거드레싱 셰리비네거(1)+꿀(1)+올리브유(2)+소금(약간)+후춧가루(약간)

셰리비네거는 스페인 셰리와인으로 만든 식초입니다. 없으면 발사믹식초나 사과식초로 대체 가능합니다.

Recipe

표고버섯은 기둥을 제거한 뒤 먹기 좋게 썰고, 마늘은 얇게 슬라이스하고, 양파는 링 모양을 살려 도톰하게 썰고,

양파를 썰고 남은 못난 부분은 다져 드레싱에 사용하세요.

잣과 캐슈넛은 마른 팬에서 볶고,

바삭하고 고소한 맛을 살리기 위해 수분을 제거하는 과정이에요.

팬에 올리브유(1)를 두르고 양파를 구운 뒤 소금, 후춧가루로 간해 꺼내고,

팬에 올리브유(1)와 버터를 넣고 손질한 버섯을 노릇하게 구운 뒤 타임, 칠리플레이크, 마늘을 넣어 향을 내고 소금, 후춧가루, 다진 파슬리로 간하고,

셰리비네거드레싱을 잘 섞고,

그릇에 구운 양파와 표고버섯, 견과류, **가니쉬**를 얹고 드레싱을 뿌려 마무리.

파슬리나 비법솔트를 플레이트 전체에 솔솔 뿌려 장식하면 근사해보일 뿐더러 간도 배서 일석이조예요!

Chef's Advice

- 마지막에 발사믹식초를 약간 뿌려도 달콤함과 향이 살아난답니다. 트러플오일(송로버섯오일)을 사용해도 향긋해져요.

참치구이 샐러드

2005년도에 잠깐 롯데호텔에서 근무한 적이 있어요 조직문화에 적응하지 못해 무척 힘들어하던 때였는데,
같은 시기에 들어온 프랑스인 세프 '실뱅 뒤브로'와 일본 출신의 사모님이 유난히 저를 많이 챙겨 주셨어요
참치구이 샐러드는 그분들이 저를 초대해 자주 만들어주시던 요리예요 참치의 바삭함과 부드러움을 동시에 느낄 수 있는
일본풍 요리로 간단하게 만들 수 있는데다 아삭한 샐러드까지 곁들여 다이어트 건강식으로도 그만이죠
저는 결국 적응하지 못하고 두바이로 떠났지만, 그분들의 참치구이는 지금도 자주 만든답니다.

Ingredients

주재료 냉동참치(아카미 1토막=250g)

아카미살로 불리는 참치 속살은 마트의 냉동코너에서 살 수 있답니다.

참치양념 통깨(2)+검은깨(2)+커리가루(1)+칠리파우더(1)+소금(약간)+후춧가루(약간)

샐러드재료 돌나물(약간), 라디치오(약간), 겨자잎(5장), 양상추(약간)

샐러드는 어떤 것이든 사용해도 좋지만 색감이나 식감, 맛을 고려해서 여러 종류를 섞어주면 더욱 맛있어요.

드레싱 화이트와인 비네거(2)+레몬오일(3)+아가베시럽(1)+소금(약간)+후추(약간)

레몬오일이 없다면 올리브유나 포도씨유로, 아가베시럽은 꿀로 대체할 수 있어요.

Recipe

1

2

3

냉동참치는 키친타월에 올려 해동해 길게 반을 자른 뒤 **참치양념**을 골고루 묻히고,

조리 시엔 키친타월에 올려 해동한 후 사용하고, 남은 건 랩에 꽁꽁 싸서 냉동 보관하면 됩니다.

샐러드재료는 깨끗이 씻어 물기를 제거하고,

팬에 올리브유(1)를 두르고 센 불에서 참치의 4면을 30초씩 익히고,

냉동참치의 표면을 구우면 손질할 때 부서지지 않고 냉동실에서 밴 냄새와 비린내를 없앨 수 있어요.

4

참치를 먹기 좋은 크기로 썰고 **드레싱**을 샐러드재료에 버무려 그릇에 담아 마무리.

믹스 시저 샐러드

샐러드 중에서도 가장 흔하게 맛볼 수 있는 것이 바로 시저 샐러드일 거예요
이름만 보면 고대 로마의 황제 시저가 떠오르지만 실은 미국 이민자인 '시저 카르도니'라는 요리사에 의해 개발된 메뉴랍니다.
손님이 몰리는 시간, 주방에 있는 재료를 모아 뚝딱 만든 샐러드가 의외로 호응을 얻게 되었다네요.
손님들이 보는 앞에서 나무로 만든 볼에 로메인상추, 크루통, 베이컨 등을 넣고
바로 소스와 버무리면서 시저샐러드에 대한 이야기를 살짝 들려주면 요리가 더 맛있고 특별하게 느껴질 거예요

Ingredients

주재료 로메인상추(200g), 식빵(1개), 베이컨(20g), 달걀(2개), 파르메산치즈(20g)

시저드레싱 달걀노른자(1개)+안초비(2마리)+소금(0.2)+레몬즙(1)+레드와인비네거(1)
+머스터드(0.3)+마요네즈(2)+다진마늘(1)+올리브유(4)+후춧가루(약간)

Recipe

로메인상추는 깨끗이 씻어 물기를 제거
하고 2등분하고,

로메인상추는 냉장고에 넣어 신선하게 보
관했다가 조리할 때 바로 꺼내 쓰세요.

식빵은 가장자리를 제거한 뒤 1~2cm 크
기로 썰어 마른 팬에 노릇하게 구워 크
루통을 만들고,

올리브유와 소금을 넣어 굽거나 오븐에서 구
워도 좋아요.

베이컨은 앞뒤로 바삭하게 굽고,

시저드레싱 재료를 블렌더에 넣어 곱게
간 뒤 소스볼에 담고,

안초비가 없을 경우 멸치액젓(1)을 넣어도
좋아요.

달걀은 끓는 물에 6분간 삶아 반숙으로
만들어 얼음물에 담갔다가 껍질을 제거
한 뒤 반으로 잘라 소스볼에 넣고,

계란은 나중에 드레싱에 섞어서 먹으세요.

접시에 로메인상추와 바삭하게 구운 베
이컨, 크루통을 담고 파르메산치즈를 갈
아 뿌린 뒤 드레싱을 곁들여 마무리.

재료와 드레싱을 미리 버무려 내도 좋지만,
이렇게 따로 플레이팅을 하면 재료와 드레
싱을 섞어먹는 재미도 있고 재료도 더 신선
해보여서 요리를 매력적으로 만든답니다.

시금치 연두부 샐러드와 메밀면

어려선 단 하루를 살더라도 맛있는 걸 먹고 살고 싶었어요 하지만 나이가 들수록 건강하게 먹는 것이
중요하다는 생각이 들더라고요 하지만 맛을 포기할 순 없죠 시금치 연두부 샐러드는 맛도 건강도 모두 잡을 수 있는 똑똑한 요리예요
몸에 좋은 시금치, 연두부, 토마토가 골고루 들어가서 건강하고, 재료의 가격도 부담이 없고, 아주 쉽게 만들 수 있어요.
거기다가 근사한 플레이팅으로 칭찬 받을 수 있어 초대 요리로도 손색없죠.
새콤달콤한 가쓰오부시 간장소스를 곁들인 상큼한 샐러드로 뽀빠이처럼 건강해지자고요!

Ingredients

주재료 시금치(2줌=200g), 토마토(1개), 메밀면(100g), 연두부(100g)

샐러드 소스 설탕(2)+간장(3)+식초(3)+다시마육수(3)

가니쉬 생강($\frac{1}{5}$쪽)

Recipe

1

시금치는 다듬고, 생강은 곱게 채 썰고,
토마토는 반 갈라 2mm 두께로 아주 얇
게 썰고,

생강은 곱게 채 썰어야 맛이 지나치게 강하
지 않고 함께 먹기 좋아요.

2

소금을 약간 넣어 끓인 물에 시금치를 1
분간 데쳐 찬물에 헹군 뒤 가지런하게
놓아 물기를 꼭 짜고,

시금치는 살짝만 데쳐 맛을 살리세요. 데친
후 물기는 꼭 짜야 모양이 유지돼요

3

끓는 물에 메밀면을 3분간 삶아 찬물에
헹궈 물기를 제거하고,

4

도마에 랩을 편 후 데친 시금치와 연두
부를 얹어 지름이 5cm가 되도록 돌돌
말고,

5

3cm 두께로 썰어 랩을 제거하고,

6

그릇에 메밀면을 잘 말아 담고 메밀면을
감싸듯 토마토를 겹치듯 돌려 담은 뒤
샐러드 소스를 끼얹고 시금치 연두부롤
과 채 썬 생강을 면 위에 얹어 마무리.

호주식 월남쌈

두바이에 있을 때, 일이 끝나면 저의 소울메이트이자 지금은 제 올케가 된 재선이 집에 거의 매일 놀러 갔어요.
이 요리는 재선의 하우스 메이트인 금발의 승무원 호주친구 켈리가 처음 만들어 주었어요.
구운 돼지고기와 오리고기에 파인애플, 망고, 채소를 넣어 피시소스에 찍어 먹는 요리인데,
돼지고기에 목말랐던 우리는 정말 게 눈 감추듯 먹어 치웠죠 아시아와 유럽의 사이에 있는 호주는 동서양의 문화가 공존하여
음식조차도 여러 스타일이 섞인 경우가 많아요. 고기와 과일을 좋아하는 저에겐 호주식 월남쌈이 입맛에 딱 맞았답니다.
그 뒤로 켈리보다 우리가 이 요리를 더 많이 해 먹었을 거예요.

Ingredients

주재료 통삼겹살(300g), 마늘(3쪽), 양상추(5장), 깻잎(5장), 적채(½개), 빨강 파프리카(1개), 노랑 파프리카(1개), 파인애플(½개), 라이스페이퍼(20장)

삼겹살 밑간 올리브유(1), 허브솔트(1), 후춧가루(약간)

피시소스 송송 썬 청양고추(½개)+간장(1)+피시소스(2)+레몬즙(1)+파인애플주스(1)

땅콩소스와 피시소스를 따로 만들기 번거롭다면 시판 제품 그대로 사용해도 괜찮아요.
피시소스가 없다면 멸치액젓으로 대체해도 좋아요.

땅콩소스 설탕(1)+다시마육수(3)+레몬즙(2)+마요네즈(1)+땅콩버터(3)

Recipe

1

통삼겹살에 칼집을 넣어 길게 3등분한 마늘을 넣고 **삼겹살 밑간**을 바른 뒤 180℃로 달군 오븐에 30분간 굽고,

올리브유가 연육작용을 하고 삼겹살의 기름기를 더 빠지게 해줘요.

오븐이 없다면 찜기에 파채를 깔고 삼겹살을 올려 20분간 찐 뒤 팬에 올려 표면만 노릇하고 바삭하게 구워주세요.

2

양상추와 깻잎, 적채는 채 썰어 차가운 물에 담갔다 빼 물기를 제거하고, 파프리카는 씨를 제거해 채 썰고, 파인애플도 비슷한 크기로 썰고,

채소를 차가운 물에 넣어 물기를 제거하면 더욱 아삭해져요.

3

피시소스와 땅콩소스를 각각 섞고,

4

삼겹살은 먹기 좋은 크기로 썰어 접시에 담고,

5

준비한 모든 재료를 담고 따뜻한 물에 라이스페이퍼를 넣어 적신 뒤 접시에 펼쳐 놓고 손질한 재료를 올려 돌돌 말아 마무리.

Chef's Advice

손님상으로 낼 땐 라이스페이퍼에 싸지 않고 재료를 그대로 내서 식성에 따라 좋아하는 재료를 골라 먹게끔 하세요. 누구든 좋아할 거예요.

견과류 닭가슴살 샐러드

저는 다이어트할 때도 맛없는 건 도저히 못 먹겠어요 다이어트에 좋은 닭가슴살을
맛있게 먹는 방법을 연구하다가 만든 요리예요 뻣뻣한 닭가슴살을 육즙이 가득하도록 부드럽게 쪄주는 것이 특징인데,
이때 마늘과 청양고추를 가미하면 양념을 많이 하지 않아도 간이 밴 것 같아요.

Ingredients

주재료 토마토(1개), 닭가슴살(2조각), 청양고추(2개), 마늘(4쪽)

부재료 호두(5개), 피스타치오(10개), 아몬드(2), 건살구(1개), 건블루베리(10개), 건크랜베리(10개)

드레싱 화이트와인 비네거(2)+레몬오일(5)

샐러드 적근대(6장), 겨자잎(10장)

양념 소금(약간), 후춧가루(약간)

Recipe

1. 달군 팬에 호두, 피스타치오, 아몬드를 넣고 볶아 수분을 날리고,

견과류는 집에 있는 어떤 것을 사용해도 좋아요.

2. 토마토의 뾰족한 부분에 십자 모양으로 칼집을 내고 끓는 물에 넣어 10초간 익혀 꺼내고, 얼음물에 담가 껍질을 벗긴 뒤 씨를 제거하고 큐브 형태로 썰고,

3. 냄비에 물(4컵), 닭가슴살, 청양고추, 마늘을 넣어 중간 불에 5분, 약한 불에 15분 삶고,

닭가슴살에 1cm 정도의 간격으로 칼집을 넣어주면 빠르게 삶아지고, 잘라 먹기 쉬워요

4. 드레싱에 5mm 크기로 자른 건과일을 넣고 소금, 후춧가루로 간하고,

드레싱에 유자청을 넣어도 향긋하고 맛이 좋아요. 건과일은 없으면 생략해도 되고 건포도를 사용해도 좋아요.

5. 토마토와 샐러드를 그릇에 담고 삶은 닭가슴살과 드레싱, 견과류를 얹어 마무리.

칼라마타 올리브를 곁들인 아스파라거스 구이

고혈압이 있는 저희 아버지는 싱거운 채소 위주의 식단을 즐기세요.
시골에 주말 농장이 있을 정도로 투박하신 성격이지만 음식은 샐러드 위주의 유러피언 스타일이 잘 맞는다 하십니다.
그리스 여행 중에 맛본 칼라마타 올리브를 좋아하셔서 제가 아스파라거스를 이용해 요리를 자주 만들어 드리는데요
아스파라거스를 구워 칼라마타 올리브를 곁들이면 간단한 유러피언 샐러드가 되는데, 남자들도 정말 좋아하는 메뉴입니다.
특히 아버지의 친구 분들이 놀러오셨을 때 만들어 드리면 아버지의 자랑거리가 된답니다.

Ingredients

주재료 아스파라거스(10개), 두툼한 베이컨(2줄), 칼라마타 올리브(10개), 타임(1줄기), 파르메산치즈(약간)

드레싱 올리브유(2)+레드와인 비네거(1)+소금(약간)+후춧가루(약간)

가니쉬 통후추 간 것(약간)

Recipe

1

아스파라거스는 밑동을 제거하고 필러로 껍질을 벗기고, 베이컨은 1cm 두께로 썰고,

2

칼라마타 올리브는 체에 밭쳐 물기를 제거하고,

칼라마타 올리브가 없을 때는 씨가 있는 그린 올리브를 넣어도 좋아요. 아삭한 식감이 좋아요.

3

팬에 올리브유를 두르고 베이컨을 볶다가 아스파라거스를 넣어 1분간 더 볶고,

베이컨이 들어가는 요리에는 굳이 식용유를 넣을 필요가 없지만 식용유에 구우면 지방이 더 잘 빠져서 노릇하게 익으면서도 느끼한 맛까지 제거된답니다.

4

칼라마타 올리브와 타임을 넣고 드레싱을 넣고,

베이컨과 칼라마타 올리브에 간이 되어 있어 소금 간을 하지 않아도 돼요.

5

접시에 담고 통후추 간 것을 뿌려 마무리.

파르메산치즈, 겨자잎이나 샐러드 채소를 곁들여도 맛있어요.

Chef's Advice

칼라마타 올리브

그리스에서 많이 나는 칼라마타 올리브는 가지처럼 검은색에 크기가 꽤 크고 즙이 많으며 향미가 강하고 쓴맛 없이 달짝지근합니다. 레드와인 비네거에 마리네이드 되어 뛰어난 풍미를 자랑합니다. 와인이나 위스키 안주에 잘 어울리며, 사이드 메뉴로 좋아요.

브로콜리 새우 샐러드

밥 위주의 식사를 하지 않는 제가 집에 있을 때 가장 자주 해 먹는 요리 중 하나예요.
새우는 냉동고에 항상 두고 필요할 때마다 꺼내 사용하는데요.
브로콜리만 사다가 부드럽게 데쳐 올리브와 함께 먹으면 맛도 있고 헤비하지 않은 한 끼 식사로 충분해요.
유자청의 달콤함과 레몬제스트의 향긋함이 새우와 브로콜리의 맛을 살려준답니다.

Ingredients

주재료 새우 중하(14마리), 브로콜리(1개), 레몬(1개), 그린올리브(6개)

레몬유자 드레싱 레몬즙(2)+유자청(1)+올리브유(2)

양념 소금(약간), 후춧가루(약간)

가니쉬 핑크페퍼콘(0.5), 다진 딜(약간)

Recipe

1

새우는 머리와 내장을 제거한 뒤 꼬리를
남긴 채 껍질을 벗겨내고, 브로콜리는 송
이를 따듯 손질하고,

새우 대신 가리비나 오징어 같은 해산물을
이용해도 좋아요.

2

레몬은 굵은 소금을 이용해 깨끗이 문질
러 씻어 물기를 제거하고 제스터를 이용
해 껍질만 얇게 갈고,

마이크로플랜이라는 기구는 껍질을 더 미
세하게 깎을 수 있어요. 저의 완소 제품이랍
니다.

3

끓는 물에 남은 레몬과 소금(0.5)을 넣고
약한 불로 줄여 손질한 새우를 넣고 5분
간 데치고,

센 불에서 새우를 익히면 살이 부서지고 질
겨져요. 약한 불에서 짧은 시간 내에 익혀야
부드럽고 맛있어요.

4

끓는 물에 소금(0.5)을 넣고 손질한 브로
콜리를 3분간 익힌 다음 얼음물에 담갔
다가 건져 물기를 제거하고,

얼음물에 담그면 브로콜리가 더 아삭해져요.

5

레몬유자 드레싱을 만들고 새우, 브로콜
리, 그린올리브를 넣어 잘 버무린 뒤 소
금, 후춧가루로 간을 하고 핑크페퍼콘과
다진 딜로 장식해 마무리.

그린올리브는 씨가 있는 것을 사용하면 아
삭아삭한 식감이 풍미를 더해준답니다. 리
코타치즈나 프레시 모차렐라치즈를 마지막
에 넣어도 맛있어요. 토마토를 넣어도 very
good!

Chef's Advice

샐러드를 버무릴 땐 나무주걱을 사
용해 재료가 상하지 않도록 살살 섞
어주세요!
딜은 부드럽고 향이 좋아 해산물과
잘 어울리는 허브예요. 곁들이면 부
드러운 풍미를 더할 수 있어요.

리코타치즈 복숭아 샐러드

복숭아는 제가 가장 좋아하는 과일 중 하나예요 새콤하면서도 달콤한 복숭아 특유의 향이 너무 좋거든요
어릴 적 처음 먹었던 외할머니의 복숭아잼이 너무 맛있어서 복숭아를 좋아하게 되었는데,
나이가 들어서도 제 요리에 복숭아를 많이 사용해요 특히 샐러드나 요리에 과일을 사용하면 새콤달콤한 과일이 단맛을 내주면서
요리를 한층 업그레이드 시켜주거든요 과일과 궁합이 좋은 치즈를 곁들여 간단하고 맛있는 샐러드를 만들어보세요

리코타치즈 재료 우유(5컵=1ℓ), 레몬즙(2), 소금(0.2)

리코타치즈는 집에서도 손쉽게 만들 수 있어요. 만들기 번거롭다면 시판 제품을 사용해도 좋아요.

주재료 어린잎채소(1줌), 복숭아(2개), 닭 안심(8조각)

복숭아가 아닌 살구를 사용해도 좋아요.

밑간 올리브유(1)+칠리파우더(0.1)+커리파우더(0.1)+다진 파슬리(0.1)+소금(약간)+후춧가루(약간)

셰리비네거드레싱 셰리비네거(1), 포도씨유(2), 적양파(⅓개), 소금(약간), 후춧가루(약간)

Recipe

1

냄비에 우유를 넣고 바닥에 눌어붙지 않도록 약한 불에서 천천히 저어 끓기 직전 레몬즙을 넣고, 면포를 깐 체에 밭쳐 수분을 제거한 뒤 소금으로 간을 해 냉장 보관하고,

리코타치즈를 만드는 과정이에요. 우유는 천천히 저으며 끓여야 우유와 레몬즙이 분리되지 않아요.

2

어린잎채소는 찬물에 씻어 물기를 제거하고 냉장 보관하고,

3

복숭아는 깨끗이 씻어 웨지형태로 8조각으로 잘라 그릴팬에 앞뒤로 30초씩 구워 자국을 내가며 익히고,

복숭아는 구우면 단맛이 강해져 드레싱에 설탕이나 꿀을 넣지 않아도 새콤달콤한 맛을 낼 수 있어요. 그릴팬이 없으면 프라이팬이나 오븐을 사용해도 돼요.

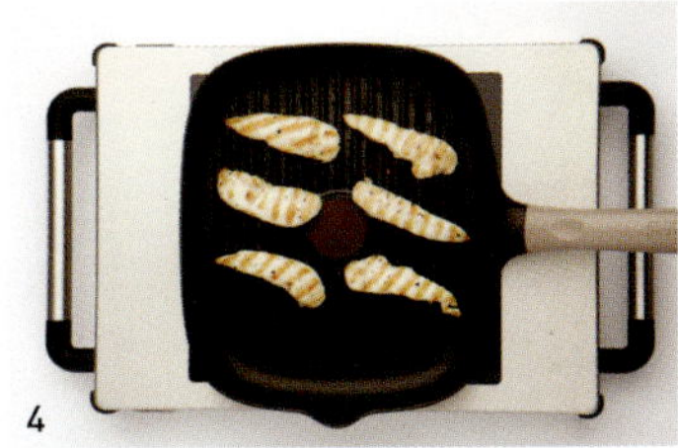

4

닭 안심은 **밑간**에 10분간 재운 뒤 그릴팬에 올려 센 불로 앞뒤로 1분씩 굽고,

닭 안심은 닭가슴살 안쪽에 붙어 있는 손가락 두 개 정도 사이즈의 부드러운 살이랍니다. 닭가슴살이나 닭다리살, 삶은 닭고기를 사용해도 돼요.

5

접시에 채소와 닭 안심, 복숭아, **셰리비네거드레싱**, 치즈를 얹어 마무리.

비법 솔트나 통후추를 솔솔 뿌려주면 장식 효과는 물론 맛도 더 풍부해져요.

무화과 샐러드

무화과는 가을이 가장 맛있는 시즌인데, 제가 프랑스에 있을 때 많이 사용했어요. 무화과는 셰프들이 사랑하는 과일로
소스, 샐러드, 메인요리 등에 많이 사용해요. 부드럽게 입에서 녹아 먹기도 좋고 맛도 단 게 특징인데, 우리나라 사람들이 아삭아삭한
식감을 좋아한다면 유럽 사람들은 부드럽게 입에서 녹는 맛을 선호하거든요. 저는 가을에 전라도 여행을 할 때 무화과를 많이 사다가
얼려 놓거나 말려 사용한답니다. 부드러운 무화과와 모차렐라 치즈, 그리고 아삭한 샐러드를 함께 먹어보세요.

Ingredients

주재료 무화과(4개), 프레시 모차렐라치즈(1봉지), 포카치아(2개)

부재료 비타민(1줌), 어린잎채소(1줌)

와인 리덕션 레드와인(2컵)+설탕(2)

양념 꿀(1), 소금(약간), 후춧가루(약간)

Recipe

와인 리덕션을 냄비에 넣어 중간 불에서 끓어오르면 약한 불로 줄여 ¼양으로 줄어들 때까지 졸이고,

무화과는 반으로 자르고, 프레시 모차렐라치즈는 물기를 제거하고,

마트에 가면 크기가 다양한 프레시 모차렐라치즈를 볼 수 있어요.

비타민과 어린잎채소는 차가운 물에 씻은 뒤 키친타월에 올려 물기를 제거하고,

팬에 포도씨유(1)를 두르고 무화과의 안쪽 면이 팬에 닿도록 올려 노릇하게 구운 뒤 꿀을 두르고 소금, 후춧가루로 간하고,

포도씨유가 없으면 카놀라유나 올리브유도 사용 가능해요.

포카치아 빵은 반으로 잘라 팬에 노릇하게 구워 꺼내고,

포카치아 대신 식빵이나 바게트로 응용해도 좋아요.

빵 위에 구운 무화과와 모차렐라치즈, 손질한 채소를 올린 뒤 와인 리덕션을 뿌려 마무리.

와인 리덕션 대신 발사믹식초나 발사믹 리덕션을 사용해도 맛있어요. 새콤한 맛이 무화과와 모차렐라치즈와 잘 어울려요.

굴&사과 샐러드

어릴 적 비위가 약한 언니 덕분에 저도 굴을 먹지 못했어요 바다의 우유라고 불리는 굴은
카사노바도 즐겨 먹었다는 건강 먹거리인데요 프랑스 아르카숑에 있는 친구 집에 방문했다가 굴의 참맛을 알게 되었어요
친구가 직접 그 자리에서 굴을 까줘서 레몬과 같이 먹었는데 부드러움과 바다의 향긋함을 함께 느낄 수 있었어요
지금은 겨울철 통영에 직접 가서 싱싱한 굴을 먹는답니다. 제철의 굴은 가격도 저렴하고 더 맛있어요
굴과 잘 어울리는 상큼한 사과와 오이, 부드러운 미역을 곁들여 새콤달콤한 간장소스에 찍어 즐겨보세요!

Ingredients

주재료 마른 미역(10g), 오이(⅓개), 굴(1컵), 사과(¼개)

오이절임양념 설탕(0.4)+소금(0.2)+식초(0.4)

간장소스 설탕(2)+간장(2)+식초(2)+물(2)+무즙(2)+레몬즙(2)

가니쉬 무순(약간), 레몬(¼개)

Recipe

1

마른 미역은 찬물에 10분간 담가 물기를 제거하고 먹기 좋게 썰고, 오이는 씨를 제거하고 얇게 어슷 썰어 **오이절임양념**에 10분간 절이고,

2

간장소스는 설탕이 잘 녹을 정도로 섞은 뒤 냉장고에 넣어 시원하게 만들고,

3

굴은 소금물에 조심스럽게 씻어 불순물을 제거하고,

굴은 심지 같은 패주가 뚜렷하게 서 있고, 둥그스름하고 통통하게 부풀어 있는 것이 좋아요.

4

사과는 깨끗이 씻어 씨를 제거하고 3mm 두께로 슬라이스하고,

5

접시에 미역, 오이, 사과, 굴, 무순, 레몬을 얹고 간장소스를 부어 마무리.

미역 대신에 톳을 사용해도 좋아요.

대추토마토와 병아리콩 샐러드

병아리콩은 제가 두바이에 있을 때 정말 많이 먹던 재료예요.
표면에 뾰족하게 튀어나온 부분이 병아리 얼굴을 닮았다 하여 병아리콩이라 하는데 이집트 콩이라고도 불려요
밤처럼 은근한 단맛과 깔끔한 맛이 있어 자꾸 먹게 돼요 포만감도 있어서 다이어트할 때 맛있게 먹을 수 있는 재료 중 하나랍니다.
알록달록한 대추토마토와 고소한 병아리콩을 이용한 건강한 한 끼 식사를 만들어보세요.
참! 대추토마토는 비타민 C가 높아 피부도 좋아지고, 특히 항암 효과가 높다고 해요.

Ingredients

주재료 병아리콩(1컵, 40g), 적양파(¼개), 대추토마토(20개)

레몬드레싱 올리브유(2), 레몬즙(1), 소금(약간), 후춧가루(약간)

가니쉬 애플민트잎(약간)

Recipe

1

병아리콩은 찬물에 10시간 이상 담가 불린 뒤 5분 정도 헹구고,

5분 정도 헹구면서 껍질을 제거할 수 있어요. 시간이 없다면 통조림 제품을 사용하면 간단해요.

2

끓는 물에 소금을 약간 넣고 불린 병아리콩을 넣어 30분간 익히고, 익은 병아리콩은 찬물에 담갔다 체에 밭쳐두고,

3

대추토마토는 반으로 썰고, 적양파는 얇게 썰어 얼음물에 1분간 담갔다 물기를 제거하고,

4

볼에 삶은 병아리콩, 대추토마토, 적양파를 담고 레몬드레싱을 넣어 버무린 뒤 민트잎을 얹어 마무리.

오리엔탈 치킨 샐러드

저는 쫄깃한 닭다리살 튀김을 정말 좋아한답니다.
외국 친구들이 놀러올 때마다 그들에게 익숙지 않은 오리엔탈소스를 곁들여 치킨샐러드를 만들어주곤 해요.
오리엔탈소스는 간장으로 달콤하게 만드는데 바삭하게 튀긴 닭다리살을 넣어 버무려주면 둘이 먹다 하나 죽어도
모를 만큼 맛있다고들 한답니다. 매콤한 고추 향도 나서 한국 사람은 물론 외국인들도 좋아하는 메뉴입니다.

닭다리살 튀김 닭다리살(2조각), 전분(5)

밑간 간장(1)+생강즙(1)+다진 마늘(0.3)+소금(약간)+후춧가루(약간)

샐러드 양상추($\frac{1}{2}$줌), 라디치오($\frac{1}{2}$줌), 겨자채($\frac{1}{2}$줌)

오리엔탈소스 쥐똥고추(5개)+설탕(1)+간장(1)+미림(1)+물(2)+사과주스(2)+물엿(1)+생강즙(약간)

사과주스 대신 파인애플주스나 오렌지주스를 이용해도 맛있어요

양념 고추기름(1)

가니쉬 대파(1대)

Recipe

1

닭다리살은 3cm 크기로 잘라 밑간에 10분간 재우고,

마트에 살로만 된 닭다리살을 팔지만 통째로 된 닭다리살을 사서 뼈만 제거해도 돼요.

2

파는 얇게 채썰고, 샐러드는 씻어 물기를 제거하고,

3

밑간한 닭다리살에 전분을 꾹꾹 눌러 묻히고,

전분을 꾹꾹 눌러 묻혀야 튀김옷이 바삭해요. 비닐봉투 안에서 하면 손에 묻지도 않고 간편해요.

4

식용유(5컵)를 170℃로 달궈 닭다리살을 두번 튀기고,

수분이 생기기때문에 두 번 튀겨야 바삭해요.

5

팬에 고추기름을 두르고 다진 파와 다진 생강을 넣고 향을 낸 뒤 오리엔탈소스를 넣어 졸이다 튀긴 닭다리살을 넣어 30초간 골고루 볶고,

소스는 한번 끓어오르면 바로 불을 줄여 졸여야 타지 않아요.

6

씻어놓은 샐러드를 그릇에 얹고 닭다리살과 소스를 담아 파채로 장식해 마무리.

닭다리살 대신에 돼지고기 목살이나 갈빗살을 이용해도 좋고, 캐슈넛이나 땅콩 등의 견과류를 넣으면 더 고소해요.

관자 살사 세비체

프랑스 미슐랭스타 레스토랑에 있을 때 같이 일하던 일본인 셰프 '미츠'가 가르쳐준 요리예요
지금은 일본에서 레스토랑을 하고 있는데 얼마 전 미슐랭 별을 얻었다고 하더라고요. 세비체는 페루 전통의 음식으로 날생선에
레몬, 라임, 오렌지 등의 시트러스 소스와 고수, 마늘, 고추, 양파 등으로 맛을 낸 요리예요.
축하 모임이나 행사 자리에 메인 요리로 자주 등장하죠. 해산물과 매운맛을 좋아하는 우리나라 사람에게 완전 잘 어울려요.

Ingredients

주재료 적양파(¼개), 파인애플(⅛개), 토마토(1개), 오이(½개), 관자(8개), 다진 고수(약간)

밑간 올리브유(1), 소금(약간), 후춧가루(약간)

세비체소스 간장(1)+레몬즙(2)+생강즙(1)+오렌지주스(3)+다진 마늘(0.5)+올리브유(1)+소금(약간)+후춧가루(약간)

Recipe

1 적양파와 파인애플은 작게 깍뚝 썰고, 토마토는 씨를 제거하고, 오이는 껍질과 씨를 제거하고 파인애플과 같은 크기로 썰고,

2 관자를 꼬치에 끼우고 올리브유, 소금, 후춧가루를 뿌려 5분간 재우고,

신선한 관자는 굽지 않고 날것으로 버무려 먹어도 좋아요. 하지만 그릴해서 먹으면 불 향이 느껴져 맛이 풍성해진답니다.

3 달군 팬에 올려 중간 불에서 앞뒤로 30초씩 구워 꺼내고,

해산물은 오래 구우면 질겨지니 살짝만 구우세요.

4 **세비체소스**에 관자를 제외한 재료를 모두 넣어 잘 버무리고,

마지막에 다진 고수를 넣어주면 향이 좋아요.

5 접시에 담고 관자 꼬치를 올려 마무리.

1 비타민
2 사라나다
3 겨자잎
4 방울토마토
5 적근대
6 로메인
7 바질
8 영양부추
9 페퍼민트
10 적채
11 딜
12 알배추
13 아보카도

샐러드에 어울리는 채소

마트나 시장에 가면 다양하고 싱싱한 채소가 많죠
하지만 막상 양상추만 고르지 않나요? 알고 나면 더 맛있는 채소들이 눈에 보일 거예요.
샐러드에 어울리는 다양한 채소를 소개합니다.

1. 비타민

비타민 성분이 많이 함유되어 있어요.
예쁜 모양에 연하고 아삭하며 쓰지 않아
해산물이나 육류에 잘 어울려요.

2. 사라나다

반결구 상추라고도 불리는데 아삭함과
달짝지근한 맛이 돋보이죠.
샐러드, 육류, 해산물 요리 등 어디에도
잘 어울려요.

3. 겨자잎

산뜻한 매운맛과 독특한 향이 입 안에서
부드럽게 퍼져요.

4. 방울토마토

즙이 많고 새콤달콤 부드러운 단맛이
가득해요.

5. 적근대

잎이 넓고 줄기가 붉은색을 띠는
적근대는 빛깔이 좋아 샐러드 채소로
이용하면 좋아요. 국이나 찌개에도 많이
이용하죠.

6. 로메인

씹는 맛이 연하고 아삭하며 감칠맛이
나고 쓴맛이 적어 샐러드에
이용하기 좋아요.

7. 바질

잘게 슬라이스하거나 잎을 따서 넣으면
향긋해요.
해산물, 고기 요리에 잘 어울리고
치즈와도 잘 어울려요.

8. 영양부추

부추보다 가늘고 매운맛도 강하지 않아
의외로 샐러드에 어울려요.

9. 페퍼민트

톡 쏘면서 시원한 향으로 샐러드에
넣으면 일품이에요.

10. 적채

우아한 적빛에 양배추처럼 부드럽고
단맛이 나면서도 살짝 후추 맛이 나요.

11. 딜

향긋한 단맛이 나고 연어, 조개 등
해산물에 많이 사용해요.
샐러드, 소스나 드레싱, 장식으로도
써요.

12. 알배추

배추와는 달리 아삭아삭하고 연해요.
겉절이나 쌈으로 많이 사용되죠.
손으로 뚝뚝 찢어 넣으세요.

13. 아보카도

과육은 버터처럼 부드럽고 독특한
향기가 나요.
샐러드에 넣으면 채소의 아삭함과
조화를 이루죠. 껍질이 검고 만졌을 때
탄력이 느껴지는 것을 고르세요.

1. 물냉이 (워터크레스)

물가에서 자라서 물냉이라 불려요.
톡 쏘는 매운맛이 육류, 생선 , 샐러드, 쌈,
무침, 튀김에 두루두루 쓰여요.

2. 미니양배추

단맛과 아삭함이 좋아 생선, 고기 요리
어디에도 곁들일 수 있어요.
올리브유나 버터를 넣고 구워 먹어도
맛있어요.

3. 파슬리

잎은 다져서 사용하고 줄기는 소스에
넣어 향을 내요.
향이 강하기 때문에 샐러드에 조금씩만
다듬어 넣어 주세요.

4. 적겨자

진한 향이 비린내를 없애주는 역할을
해서 고기나 생선 요리에 곁들이는
샐러드에 어울려요.

5. 적상추

상추가 햇빛을 더 많이 받아 적색을
띠게 된 것으로 맛은 상추와 같아요.

6. 근대

스위스차드라는 이름을 가진 근대는
약간의 쌉쌀한 맛과 짠맛이 나는 채소로
샐러드는 물론이고 볶거나 삶아 먹어도
맛있고 쌈 채소로도 좋아요.

7. 치커리

아삭한 식감의 치커리는 샐러드에
많이 사용하는데 따뜻한 샐러드에도
잘 어울려요. 조리할 경우 설탕을 조금
넣어주면 쓴맛을 줄일 수 있어요.

8. 양상추

부드럽고 단맛이 나서 샐러드에 많이
사용해요. 차가운 물에 담갔다 물기를
제거하고 냉장고에 넣었다가 사용하면
시원하면서도 아삭아삭해요.

9. 아스파라거스

끓는 물에 살짝 데쳐서 찬물에 헹궈서
사용하면 아삭아삭한 식감을
살릴 수 있어요.

10. 루콜라

쌉쌀한 맛과 향이 일품이에요. 이탈리아
요리나 프랑스 요리에 많이 사용되며
아루굴라나 로켓으로도 불려요.

11. 그린빈

생선이나 스테이크에 곁들이거나
채소볶음으로 사용할 수 있어요.

12. 브로콜리

끓는 물에 데쳐서 먹으면 아삭아삭하고
단맛이 나죠.
줄기도 살짝 데치면 부드럽고
아삭아삭해서 먹기 좋아요.

13. 라임

레몬보다 더 새콤하고 달아요. 껍질은
얇게 저며 향을 내고,
즙은 샐러드나 디저트, 드레싱에 새콤한
풍미를 더해줘요.

14. 라디치오

쌉쌀한 맛이 매력적이고 색이 예뻐서
곁들이기 좋은 채소 중 하나예요.

15. 애플민트

달콤한 향과 부드러운 식감으로
샐러드용으로 좋고 디저트의
가니쉬나 음료에 사용해도 좋아요.

16. 어린잎채소 (비트잎)

여러 가지 어린잎을 모은 것으로 맛이
연해서 다른 재료의 맛을 살려주므로
거의 모든 요리의 가니쉬로 사용해요.

17. 미니파프리카

달콤한 맛과 알록달록한 색감이
특징이에요.

18. 레몬

신맛이 강하지만 식욕을 돋워주죠.
과육이나 즙을 주로 사용하지만
껍질을 곱게 갈아 사용하기도 해요.

19. 로즈마리

향이 강해 직접 샐러드에
사용하기보다는 재료를 볶거나 구울 때
향만 섞이도록 조리하는 게 좋아요.

신선하고 아삭한 샐러드 요리의 비법은 채소를 살살 다루는 거예요. 채소를 씻을 때 물이 채소에 바로 떨어지도록 하지 마세요. 채소의 아삭한 맛이 사라지니까요. 채소는 찬물에 살짝 넣어서 씻은 뒤 냉장고에 넣어주세요. 죽어가던 채소도 금방 아삭해져요. 요리 후 남은 채소는 물기를 제거하고 통에 젖은 타월을 깔아 넣어두면 신선하게 보관할 수 있어요.

1 물냉이 (워터크레스)
2 미니양배추
3 파슬리
5 적상추
6 근대
7 치커리
8 양상추
4 적겨자
9 아스파라거스
10 루콜라
11 그린빈
12 브로콜리
13 라임
14 라디치오
15 애플민트
16 어린잎채소 (비트잎)
17 미니파프리카
18 레몬
19 로즈마리

브런치로 즐기는 달콤한 한 접시

Yellow

새우 스프링롤 튀김

제가 호텔에 들어가서 처음 배정받은 메뉴예요. 호텔연회장에서 파티가 열려 핑거푸드로 나가는 메뉴였는데
무려 천 개를 만들어야 됐어요. 물론 힘은 들었지만 맛 만큼은 최고였어요. 그리고 만들다보니 너무 간단한 거예요.
새우튀김보다 훨씬 쉬워요. 바질을 첨가해 향긋하면서도 춘권피의 바삭함이 동시에 느껴진답니다.
그리고 일반 간장 양념장, 사우어크림도 좋지만 아보카도 크림과 곁들여 맛보세요!
시원한 화이트와인이나 샴페인 한잔이 생각날 거예요. 아, 손님상에 식전 요리로도 잘 어울려요!

Ingredients

주재료 새우(14마리), 바질(7장), 춘권피(7장), 달걀물(약간)

달걀물은 달걀과 물을 1:1 비율로 섞어서 만들어요.

와사비 아보카도크림 아보카도($\frac{1}{2}$개), 파인애플주스($\frac{1}{2}$컵), 와사비(0.3)

양념 소금(약간), 후춧가루(약간)

Recipe

1

새우는 껍질을 벗겨 등 안쪽에 칼집을
넣은 뒤 소금, 후춧가루로 간하고,

2

바질은 반으로 자르고, 춘권피도 세모나
게 반으로 자르고,

3

춘권피 위에 바질과 새우를 얹어 돌돌
말아 춘권피 끝부분에 달걀물을 발라 접
착시키고,

4

와사비 아보카도크림을 믹서에 곱게
갈고,

아보카도는 머릿결과 피부를 부드럽게 해
줘요!

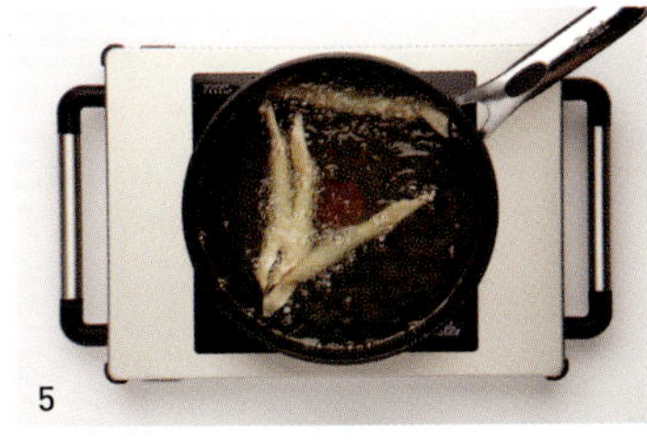

5

170℃로 달군 식용유에 스프링롤을 넣
어 바삭하게 튀겨낸 뒤 소금, 후춧가루로
간하고,

6

접시에 와사비 아보카도크림을 붓고 스
프링롤을 얹어 마무리.

아보카도크림 대신에 칠리소스를 찍어 먹
어도 좋고, 사우어크림과도 잘 어울려요.

커리 치킨 크레이프

두바이에 있을 때 하루에 300장씩 크레이프를 부치다보니 이젠 정말 선수예요.
쫄깃한 식감의 크레이프 안에 부드러운 커리크림 소스와 재료들을 넣으면 훌륭한 브런치가 된답니다.
특히 크레이프를 밀가루와 메밀가루를 섞어 프랑스 브르타뉴 지방 스타일로 만들면 더 맛있어요
기본 샐러드를 곁들여도 좋아요

Ingredients

크레이프 재료 달걀(1개)+박력분(1컵)+우유(2컵)+소금(0.1)+버터(1)

커리 치킨 양파($\frac{1}{4}$개), 닭가슴살(2조각), 양송이버섯(5개), 청피망($\frac{1}{2}$개), 홍피망($\frac{1}{2}$개), 커리가루(0.5), 생크림(1컵),
　　　　　파르메산치즈가루(2), 파슬리가루(0.1)

양념 소금(약간), 후춧가루(약간), 버터(약간)

Recipe

1

볼에 **크레이프 재료**를 담아 거품기로 젓고 체에 내려 냉장고에 30분간 넣어두고,

달걀과 우유 먼저 섞은 뒤 가루 재료를 넣으면 더 잘 섞여요. 버터는 전자레인지에 30초간 녹여서 사용하세요. 반죽을 마구 저으면 거품이 많이 생기고 기포가 생겨 좋지 않아요.

2

양파, 닭가슴살, 양송이버섯, 피망은 먹기 좋은 크기로 썰고, 닭가슴살은 소금, 후춧가루로 간하고,

3

팬에 올리브유(1)를 두르고 닭가슴살을 넣어 겉면이 익으면 양파, 양송이버섯, 피망 순으로 넣고, 어느 정도 익으면 커리가루를 넣어 볶다가 생크림을 넣고 약한 불로 졸이고, 파르메산치즈가루, 파슬리가루를 넣어 불을 끄고,

4

달군 새 팬에 버터를 살짝 두르고 크레이프 반죽을 부어 중간 불에서 지단을 부치듯이 얇게 굽다가 뒷면이 익으면 약한 불로 줄여 뒤집고,

크레이프 반죽은 얇게 부쳐야 맛을 살릴 수 있어요. 한 면이 완전히 익어야 잘 찢어지지 않아요.

5

만들어 놓은 커리 치킨을 올려 양쪽으로 접어 감싸 마무리.

햄이나 달걀, 해물 등 다양한 재료로 응용할 수 있습니다.

Chef's Advice

- 팬에서 크레이프를 만들고 커리 치킨을 넣어 완성하는 것이 더 맛있지만 그릇에 옮겨 담는 것이 어려워요. 크레이프를 구운 뒤 접시에 놓고 커리치킨을 넣는 방법을 이용하세요.
- 밀가루 대신에 메밀가루를 써서 프랑스 브르타뉴 지역의 스타일로 만들어 보세요.

뺑뺑과 버섯크림

여름방학을 이용해 런던에 들렀다가 다시 스위스로 돌아가려고 하는데 그만 비행기를 놓쳤어요.
다음날이 개학이기도 했고 몸과 마음이 지쳐서 닭똥 같은 눈물을 흘리고 있었죠.
그때 4살 어린 동생 원이가 "올라베리(원이가 부르는 저의 애칭), 그만 울고 밥이나 먹자!"라고 하더라고요.
우리는 공항의 한 레스토랑에서 '요크셔푸딩과 버섯크림소스'를 먹었어요. 그런데 너무 맛있어서 눈물이 쏙 들어가는 거예요.
덕분에 6시간을 행복하게 기다린 후 스위스로 돌아올 수 있었고, 그 메뉴는 제 특기가 되었답니다!

Ingredients

뻥뻥(요크셔푸딩) 재료 중력분($\frac{2}{3}$컵=120g), 우유($1\frac{1}{3}$컵=275ml), 달걀(3개), 소금(0.1)

주재료 닭 안심(2조각), 양파($\frac{1}{4}$개), 마늘(2쪽), 양송이버섯(6개)

양념 소금(약간), 후춧가루(약간), 화이트와인(1), 생크림($\frac{1}{2}$컵), 씨겨자(0.5), 파르메산치즈가루(1)

Recipe

뻥뻥 재료를 섞어 반죽을 만든 뒤 10분간 휴지시키고,

머핀틀에 포도씨유를 한 틀당 1순가락씩 넣고 반죽을 머핀틀의 70% 정도까지 채워 넣은 뒤 200℃로 예열한 오븐에서 15분간 굽고,

포도씨유는 뻥뻥이 되게 만들어주는 중요한 역할을 해요. 뻥뻥에 다 흡수되지 않으니 걱정하지 않아도 됩니다.

닭 안심과 양파는 2cm 두께로 썰고, 마늘은 얇게 썰고, 양송이버섯은 4등분하고,

팬에 올리브유(1)를 두르고 양파, 마늘, 양송이버섯을 넣어 센 불로 볶다가 닭 안심을 넣어 소금, 후춧가루로 간하고,

쇠고기나 돼지고기와도 잘 어울린답니다.

화이트와인을 넣고 저어가며 알코올 성분을 날리고 생크림을 넣어 중간 불에서 반 정도 양으로 졸인 뒤 씨겨자와 파르메산치즈가루를 넣고 불을 끄고,

뻥뻥을 오븐에서 꺼내 접시에 올린 뒤 끓인 버섯크림을 얹고 파르메산치즈가루를 뿌려 마무리.

게살크림 크로켓

어릴 적부터 친한 친구가 사케바를 열었어요. 오픈파티에 초대를 받아 갔는데 뭐 맛있는 게 없을까 둘러보던 중
이 게살크림 크로켓이 눈에 딱 띄었죠! 이제는 그 집의 히트메뉴가 된 이 요리는 크림크로켓에 게살을 넣은 요리랍니다.
바삭한 크로켓을 깨물면 크림이 주~욱 흘러내리는 환상적인 요리인데요.
한자리에서 여러 개를 해치울 만큼 중독성이 강해요.

Ingredients

게살 크림 양파($\frac{1}{4}$개), 버터(1), 밀가루(2), 우유($1\frac{1}{2}$컵), 생크림(2컵), 게살(4개)

튀김옷 밀가루(1컵), 달걀(1개), 파슬리가루(약간), 빵가루(1컵)

양념 소금(약간), 후춧가루(약간)

Recipe

1

양파는 잘게 다져 버터를 두른 팬에 넣어 볶고,

2

밀가루를 넣고 잘 섞어 화이트루가 만들어지면 우유와 생크림을 넣고 걸쭉하게 크림을 만들고,

루(Roux)는 버터(1)와 밀가루(1)를 함께 익힌 것인데 보통 소스 농도를 맞출 때 사용해요. 익히는 정도에 따라 화이트 루, 블론드 루, 브라운 루로 만들 수 있어요.

3

크림에 잘게 찢은 게살을 넣고 소금, 후춧가루로 간을 해 오목한 접시에 담아 랩을 씌운 뒤 냉동고에 30분간 두고,

이 요리는 속을 가르면 크림이 흘러 나오는 게 특징이에요. 농도가 질기 때문에 냉동고에 두세요.

4

적당히 굳으면 꺼내 모양틀로 자르고,

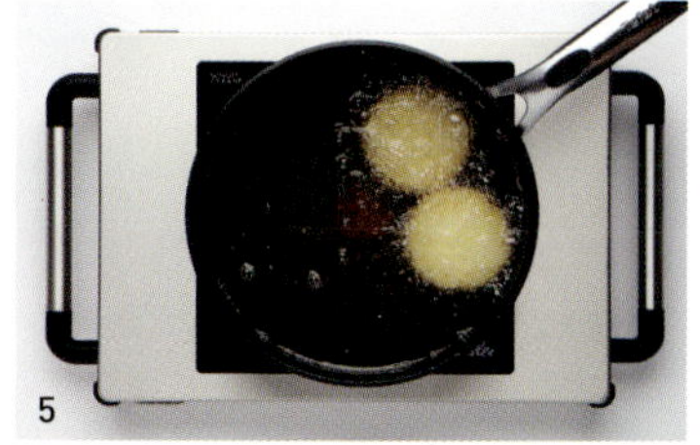

5

밀가루 → 달걀 → 파슬리가루 → 빵가루 순으로 골고루 묻혀 180℃로 달군 식용유에 튀겨 마무리.

낮은 온도에서 튀기면 크림이 흘러내려요.

Chef's Advice

게살이 가장 잘 어울리긴 하지만 새우를 넣어도 맛있답니다.

시금치 달걀 코코트

이 요리는 햄, 버섯, 시금치를 넣고 그 위에 달걀을 넣어 오븐에서 구운 것으로 프랑스에 있을 때 아침식사로 많이 먹었어요
오븐 사용이 가능한 움푹 파인 접시에 시금치와 좋아하는 재료를 볶아 넣고 그 위에 달걀을 얹어
오븐에 살짝 구워내면 깜찍한 한 끼 식사가 만들어진답니다. 오렌지 주스를 곁들여 간단한 아침식사용으로도 좋고
샴페인 한잔과 곁들여 먹을 수 있는 간단하면서 맛있는 안주로도 그만이랍니다.

Ingredients

주재료 시금치(1줌=150g), 양송이버섯(5개), 햄(2장), 달걀(2개)

다른 종류의 버섯이나 채소를 활용해도 괜찮아요.

양념 다진 마늘(0.5), 소금(약간), 후춧가루(약간), 버터(약간)

Recipe

시금치는 꼭지를 제거하고, 양송이버섯
은 슬라이스하고, 햄은 2cm 크기로 썰고,

팬에 올리브유(1)를 두르고 양송이버섯,
다진 마늘, 햄, 시금치 순으로 볶아 소금,
후춧가루로 간하고,

오븐 사용이 가능한 그릇에 버터를 얇게
펴 바른 뒤 볶은 재료를 70% 정도 채워
넣고 달걀을 올리고,

소금, 후춧가루로 간해 180℃로 예열한
오븐에서 8분간 익혀 마무리.

양송이버섯 까수엘라

독일 본(Bonn)에 잠시 있을 때 'German wings'라는 저가항공사를 알게 되었는데 그 당시 우리 돈으로
스페인행 비행기표 값이 만 이천 원이었어요. 그렇게 가게 된 첫 스페인 여행에서 마리아라는 친구를 알게 되었어요. 그녀가 집에
초대해 만들어준 요리가 바로 까수엘라예요. 까수엘라는 스페인 말로 작은 냄비 요리를 뜻하는데, 매콤해서 입맛을 돋워줄 뿐더러
만들기도 간단해 손님을 초대하거나 혼자서 기분 낼 때 아주 그만이죠. 여기서 포인트는 질 좋은 스페인산 올리브유랍니다.
착한 가격에 여행을 가고 좋은 친구를 만나 맛있는 요리까지 대접 받았으니, 스페인이 제게 얼마나 좋은 나라겠어요?

Ingredients

주재료 양송이버섯(20개), 시골빵 또는 깜빠뉴(2조각)

속재료 양파($\frac{1}{2}$개), 초리조햄(10장), 후춧가루(약간)

향신오일 올리브유(2컵)+파슬리 줄기(3개)+페페론치노(10개)+으깬 마늘(3개)+통후추(10알)+소금(약간)+후추(약간)

가니쉬 겨자잎(1줌), 라디치오(약간), 파슬리(약간), 소금(약간), 후춧가루(약간)

Recipe

1

양송이버섯은 깨끗이 손질해 기둥을 제거하고, 양파와 초리조햄은 곱게 다지고,

초리조햄을 사용면 매콤하고 짭조름한 맛과 향이 배어 요리가 더 맛있어요. 초리조햄을 사용할 때는 소금 간을 줄여주세요.

2

팬에 다진 양파와 초리조햄, 후춧가루를 넣고 잘 섞어가며 볶아 한 김 식힌 뒤 키친타월에 올려 수분을 제거하고,

팬에 한번 양파를 볶아내면 수분도 제거되고 양파의 향도 살아나요.

3

양송이버섯 안쪽에 볶아낸 속재료를 꽉꽉 눌러 채우고,

양송이버섯 대신 껍질을 제거한 새우를 향신오일에 넣어 중간 불로 익히면 새우 까수엘라가 됩니다.

4

냄비에 **향신오일**을 넣고 속재료를 채운 양송이버섯을 넣은 뒤 중간 불에서 10분간 익히고 소금으로 간하고,

5

마른 팬에 빵을 굽고,

6

빵 위에 버섯을 올리고 향신오일(1)과 가니쉬를 버무려 마무리.

향신오일에 빵을 찍어 먹거나, 향신오일을 샐러드 드레싱으로 사용해도 좋아요.

토마토 치아바타 샌드위치

저는 쫄깃한 식감의 부드러운 치아바타를 참 좋아해요. 간단하게 샌드위치를 먹을 때도 치아바타를 사용하면 더 맛있거든요.
장을 볼 때 베이컨과 치아바타를 넉넉하게 사서는 토마토 치아바타 샌드위치를 해먹고
남은 것은 냉동고에 얼려서 보관해요. 오븐에 2~3분만 구우면 금방 구운 빵처럼 먹을 수 있거든요.
바로 구운 베이컨을 올린 토마토 치아바타 샌드위치로 주말 점심을 근사하게 보내세요.

Ingredients

주재료 치아바타(2개), 버터(2), 베이컨(3장), 로메인상추(4장), 토마토(1개)

Recipe

치아바타는 반으로 갈라 버터를 두른 팬
에 노릇하게 구워 꺼내고,

버터는 빵에 소스와 재료의 수분이 스며드
는 걸 방지해줘요. 마요네즈(1)+겨자(1)를
섞어 발라도 좋아요.

베이컨은 반을 잘라 구운 뒤 키친타월에
올려 기름기를 제거하고,

로메인상추는 씻어 물기를 제거하고,
토마토는 링 모양을 살려 5mm 두께로
썰고,

양상추로 대체할 수 있어요.

구운 치아바타 위에 로메인상추와 토마
토, 베이컨 순으로 얹고 치아바타로 덮어
마무리.

토마토 위에 소금, 후춧가루를 뿌려주면 더
욱 맛이 좋아요.

소시지 프리타타

스위스 요리학교 시절, 셰프가 과제를 냈는데 아스파라거스와 달걀, 파르메산치즈가 들어간
이탈리아 전통요리를 만들어 보라는 것이었어요 그날 저녁 도서관에서 이탈리아 요리책을 뒤져 찾아낸 것이 프리타타였죠
다음날 셰프의 답을 맞힌 건 저였어요 그날 이후 자주 만들게 된 프리타타는 이탈리아의 달걀찜이라 불리는데 간단하면서도
든든하게 먹을 수 있고 취향에 따라 여러 재료를 첨가할 수 있어요

Ingredients

주재료 양파($\frac{1}{2}$개), 식빵($1\frac{1}{2}$장), 소시지(6개), 슈레드 모차렐라치즈(1컵)

달걀 반죽 달걀(3개), 우유(1컵), 소금(0.2), 머스터드소스(0.4), 후춧가루(약간)

Recipe

1 양파와 식빵은 1.5cm 크기로 주사위 모양으로 썰고,

2 소시지는 끓는 물에 2분간 삶아 기름기를 제거한 뒤 물기를 빼고,

소시지 대신에 베이컨을 넣어도 됩니다.

3 볼에 **달걀 반죽**을 담고 거품기로 저은 뒤 체에 내리고,

4 반죽에 슈레드 모차렐라치즈와 식빵, 양파를 넣어 섞고,

5 오븐 용기에 옮겨 담고 소시지를 넣고,

6 180℃로 달군 오븐에서 25분간 구워 마무리.

오븐 대신 프라이팬을 이용할 땐 약한 불에서 천천히 익혀주세요.

캐러멜 바나나와 팬케이크

예전 한 달간의 베이비시터 경험으로 아이들의 입맛을 알 수 있었어요.
특히 아이들의 환심을 사기에 팬케이크만한 게 없죠. 여기에 캐러멜 바나나와 색색의 견과류,
말린 과일을 얹으면 모양도 예쁘고 맛도 훌륭한 메뉴가 완성된답니다. 바나나에 설탕을 솔솔 뿌려 토치로 녹인 뒤 식히면
캐러멜이 바삭하게 입혀져 입 안에서 가볍게 깨지면서 달콤한 맛이 환상이에요

Ingredients

팬케이크 재료 우유(1컵), 달걀(3개), 설탕(2), 소금(0.1), 밀가루(1컵), 버터(1)

캐러멜 바나나 재료 피스타치오(4개), 건살구(1개), 크랜베리(6개), 호두(4개), 바나나(2개), 황설탕(3), 금가루(약간), 메이플시럽(약간)

Recipe

1

볼에 우유와 달걀, 설탕, 소금을 넣고 거품기로 잘 섞은 뒤 밀가루를 넣어 반죽을 만들고,

2

팬에 버터를 두르고 반죽을 동그랗게 구워 꺼내고,

3

피스타치오, 건살구, 크랜베리, 호두는 먹기 좋은 크기로 작게 자르고,

4

바나나는 길게 반으로 잘라 황설탕을 충분히 뿌리고,

바나나 대신 파인애플이나 오렌지 등을 이용할 수도 있답니다.

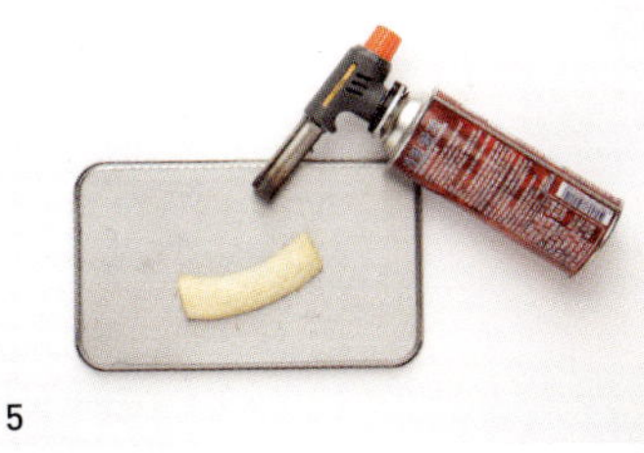

5

토치로 바나나에 뿌린 황설탕을 지져 캐러멜처럼 만들고,

토치가 없으면 프라이팬에 살짝 구워주세요.

6

견과류와 금가루로 장식하고 팬케이크에 메이플시럽을 뿌려 마무리.

견과류는 캐러멜이 굳기 전에 재빨리 얹어야 해요.

벨기에 와플

제가 프랑스에 있을 때 고모부의 사촌 여동생이 벨기에에 계셔 기차를 타고 주말에 가끔 놀러갔어요.
어려운 관계이긴 하지만 맛있는 걸 해주시기도 하고 정말 잘해주셨어요.
벨기에는 프랑스와 가까워 불어를 쓰고 요리도 많이 발달되어 있는데요 여러분이 좋아하는 와플로도 유명하죠.
저도 벨기에에 갈 때마다 식후 와플을 즐겼어요 벨기에 와플은 두툼하고 풍미가 있죠

Ingredients

와플 재료 달걀(2개), 설탕($\frac{1}{2}$컵=120g), 소금(0.1=3g), 우유($\frac{1}{2}$컵), 버터(5=80g),
바닐라에센스(0.2), 중력분(1컵=200g), 베이킹파우더(0.3=6g)

가니쉬 무화과(1개), 청포도(약간), 적포도(약간), 말린 바닐라빈(약간)

Recipe

1

볼에 달걀과 설탕, 소금을 넣어 1분간 섞고,

2

우유, 녹인 버터, 바닐라에센스를 섞은 뒤 달걀이 담긴 볼에 넣어 잘 섞고,

버터는 전자레인지에 30초간 돌려 녹여주세요.

3

중력분과 베이킹파우더를 체에 쳐서 넣어 섞은 후 반죽을 만들고 냉장고에 20분간 넣어두고,

반죽에 각종 견과류, 호두, 아몬드, 치즈 등을 섞어도 맛있어요. 와플 반죽은 미리 만들어서 랩을 씌어 냉장 보관했다가 구워 먹으면 편해요.

4

아이스크림 스쿱으로 반죽을 떠 와플기계에 넣고 3분간 구워 접시에 담고, 아이스크림과 **가니쉬**를 얹어 마무리.

가니쉬는 제철 과일과 바닐라빈 등 얼마든지 응용할 수 있어요.

> 와플에 요구르트 크림과 딸기, 피스타치오를 장식하면 근사한 디저트가 된답니다.

바게트 샌드위치

파리에서 생활할 때 점심으로 가장 싸고 간편하게 먹을 수 있었던 것이 바로 바게트 샌드위치였어요. 배가 고파서 먹기도 했지만 햄과 치즈, 사과의 조합이 정말 맛있어서 늘 그곳을 찾았답니다. 제 친구 중 한 명은 유럽 배낭여행 중에 돈이 없어 매 끼니를 바게트로 때웠다는데요. 바게트의 질감이 너무 거칠어서 입안이 헐어 고생했다고 하더라고요. 하지만 금방 만든 바게트는 따뜻하고 쫄깃해서 맛있답니다. 집에서 바로 만들어 맛있게 먹는 초간단 바게트 샌드위치를 만들어 볼까요?.

Ingredients

주재료 바게트(1개), 버터(2), 사과($\frac{1}{2}$개), 슬라이스 에멘탈치즈(3장), 슬라이스 햄(3)

Recipe

바게트는 반을 잘라 구워 버터를 바르고,

사과는 2mm 두께로 얇게 슬라이스하고,

바게트 한 쪽에 치즈와 햄, 사과를 순서대로 얹고 나머지 바게트 빵을 덮어 마무리.

Chef's Advice

- 스위스 3대 치즈(에멘탈, 그뤼에르, 스브린츠) 중 하나인 에멘탈치즈는 애니메이션 '톰과 제리'에 나오는 구멍 쏭쏭 난 치즈로 담백한 맛이 좋아요.
- 육류를 소금에 절인 후 훈연한 육가공품 햄은 다양한 부위와 풍미를 가진 제품이 많아요. 닭가슴살로 만든 햄, 칠면조 고기를 훈제한 것, 다양한 육류를 갈아서 훈연한 프레스 햄, 소의 어깨살을 양념해 훈연한 파스트라미, 마늘 양념을 한 매콤한 살라미, 짭조름한 돼지 넓적다리로 만든 프로슈토 등 다양한 제품이 많아요. 저는 개인적으로 훈제향이 너무 강하지 않은 터키햄을 좋아한답니다.

블루베리&체리 클라푸티

요리학교에 다닐 때 패스트리 시간만 되면 실수를 연발해서 트라우마가 있었어요. 하지만 그랑셰프가 되려면 꼭
패스트리 경력이 있어야 된다고 아버지 셰프는 말씀하셨죠. 두바이호텔에 근무하면서 패스트리 키친으로 발령을 받는 바람에 울면서
끌려가 처음 만들게 된 디저트가 바로 체리 클라푸티였어요. 프렌치 클래식 디저트인데 잘 만들었다고
칭찬을 받은 뒤로 트라우마를 극복하고 패스트리 키친에서 자신 있게 근무할 수 있었어요. 제게 자신감을 준 소중한 메뉴랍니다.

Ingredients

주재료 생크림(1½컵), 달걀(3개), 바닐라에센스(0.4), 설탕(½컵=120g), 중력분(½컵=100g), 블루베리(½컵), 체리(10개),
슈가파우더(약간)

Recipe

1

생크림, 달걀, 바닐라에센스를 볼에 담아
거품기로 섞은 뒤 설탕과 중력분을 차례
로 넣어 골고루 섞고,

2

오븐틀에 반죽을 붓고 블루베리와 반으
로 잘라 씨를 제거한 체리를 예쁘게 얹고,

냉동베리나 파인애플을 잘라 넣어도 좋
아요.

3

200℃로 예열한 오븐에서 15분간 구워
꺼낸 뒤 슈가파우더를 뿌려 마무리.

> 프렌치 클래식 디저트로
> 향긋한 과일과
> 부드러운 푸딩을
> 함께 느낄 수 있어요.

복숭아 크럼블

어릴 때 외할머니가 저를 위해 만들어주셨던 복숭아잼이 왜 그리 맛있던지요
할머니는 복숭아잼에 계핏가루를 조금 넣으셨는데 그 맛을 잊을 수가 없네요 복숭아 크럼블은 복숭아를 조려
계핏가루와 바닐라빈을 넣어 향을 내고 그 위에 고소하고 바삭한 크럼블을 얹어 함께 구운 바삭하고 고소한 디저트랍니다.
모양도 예뻐서 여자 친구들과 시간을 보낼 때 만들어주면 정말 좋아할 거예요.

Ingredients

복숭아 조림 재료 복숭아(4개), 레몬즙(1), 바닐라빈($\frac{1}{2}$개), 계핏가루(0.1)

크럼블 재료 박력분(2)+차가운 버터(2)+설탕(2)+아몬드가루(2)+계핏가루(약간)

부재료 슬라이스 아몬드(2)

양념 버터(2), 설탕(2)

가니쉬 슈가파우더(약간), 애플민트잎(약간)

Recipe

1

복숭아는 깨끗이 씻어 씨를 제거하고 납
작하게 썰어 레몬즙을 뿌리고,

레몬즙을 뿌려주면 복숭아 색이 변하는 걸
막아줄 수 있어요.

2

팬에 버터와 설탕을 넣고 중간 불에서
완전히 녹인 뒤 썰어놓은 복숭아를 넣고
2분간 조리고 바닐라빈은 반으로 갈라
씨만 긁어 계핏가루와 함께 넣고 볶아
식히고,

3

볼에 크럼블 재료를 넣고 버터가 보슬보
슬한 작은 덩어리가 되도록 섞은 뒤 슬
라이스 아몬드를 넣어 섞고,

너무 많이 섞으면 손의 열 때문에 버터의
수분과 유지가 분리되어 몽글몽글한 크럼
블이 만들어지지 않고 가루처럼 부서지니
작은 덩어리들이 만들어지면 멈춰주세요.

4

오븐 용기에 식혀둔 복숭아 조림을 담고
크럼블을 뿌려 170℃로 예열한 오븐에
15분간 굽고,

오븐은 10분전 미리 예열해 두세요.

5

오븐에서 꺼내 슈가파우더를 뿌리고 애
플민트잎을 얹어 마무리.

바닐라아이스크림과 함께 먹으면 정말 맛
있어요.

Chef's Advice

복숭아 대신 사과 또는 파인애플을 사용해도 근사합니다. 크럼블도 미리 많이 만들
어서 냉동 보관해서 사용하세요.

캐러멜 견과류

달콤하고 고소해 인기가 많은 메뉴예요 간단한 간식으로 좋고 예쁘게 포장해 선물하기도 좋은 아이템이죠
너무 달지 않아 밸런타인 데이에 선물하면 남자친구도 좋아할 거예요 물론 견과류를 좋아하는 어른들 입에도 잘 맞아요
견과류만 있으면 아주 간단하게 만들 수 있답니다.

Ingredients

주재료 호두(1½컵), 피칸(1컵), 아몬드(1컵) 설탕(½컵)

Recipe

1

팬에 견과류를 넣어 가볍게 볶아 꺼내고,

견과류를 오븐이나 마른 팬에서 바삭하게
한번 구우면 더 고소해져요.

2

팬에 설탕과 물(2)을 담고 센 불로 끓이고,

3

설탕이 녹아 캐러멜처럼 되면 볶아둔 견
과류를 넣어 고루 섞고,

캐러멜한 견과류는 초콜릿을 녹여 코팅한
후 코코아파우더에 묻혀 먹어도 정말 맛있
어요.

4

종이포일이나 실리콘 시트 위에 겹치지
않게 펼쳐 담고 식히고,

5

그릇에 담아 마무리.

에그 베네딕트

제가 조금 멋 부린 브런치를 먹고 싶을 때 만드는 메뉴가 에그 베네딕트예요.
약간의 기술을 요하기도 하지만 수란의 풍부한 맛과 부드러움을 느낄 수 있기 때문에 자주 만들어요.
제가 요리를 가르친 유명 배우 한 분도 이 에그 베네딕트를 가장 좋아한다고 해요.
잉글리시 머핀 위에 버터를 바르고 볶은 시금치와 파르마 햄, 수란을 올리고 홀랜다이즈소스를 뿌려 먹는 브런치입니다.

Ingredients

주재료 식초(0.5), 달걀(2개), 바게트(4조각), 베이컨(3장), 그린빈(1줌), 시금치(1줌)

홀렌다이즈소스 달걀노른자(2개), 레몬즙(1), 물(1), 소금(약간), 후춧가루(약간), 정제버터(3)

양념 다진 양파(0.5), 다진 마늘(0.3), 소금(약간), 후춧가루(약간), 파슬리가루(약간), 비법솔트(약간)

Recipe

냄비에 물(5컵)을 넣고 식초를 넣어 80℃로 끓여 달걀을 조심스럽게 넣고 3분 후에 꺼내 수란을 만들고,

물이 끓으면 찬물 1컵을 넣고 불을 약하게 줄이면 80℃가 돼요. 절대 팔팔 끓이지 마세요.

볼에 정제버터를 제외한 **홀렌다이즈소스**를 모두 넣고 중탕하며 거품기로 거품이 생길 때까지 저어주고,

홀렌다이즈소스에 다진 마늘(0.5)을 넣으면 달걀 비린내를 잡아줘요.

정제버터를 전자레인지에 20초간 돌려 녹인 뒤 조금씩 넣어가며 걸쭉하게 저어 소스를 만들고,

완성된 홀렌다이즈 소스는 그릇에 옮긴 다음 뜨거운 물이 담긴 냄비 위에 두어 식지 않게 해야 덩어리지지 않아요.

바게트는 먹기 좋게 잘라 노릇하게 굽고, 베이컨은 바삭하게 굽고,

팬에 올리브유(1)를 두르고 그린빈을 넣어 볶다가 다진 양파와 다진 마늘을 넣어 볶고, 시금치를 넣어 20초간 볶아 소금, 후춧가루로 간하고,

접시에 바게트, 시금치그린빈볶음, 베이컨, 수란을 얹고 홀렌다이즈소스를 올린 뒤 파슬리가루, 굵게 간 비법솔트를 뿌려 마무리.

사과스콘과 메이플 치즈크림

유명한 호텔에는 에프터눈 티타임과 여기 어울리는 인기 메뉴가 있어요.
제가 일하던 미슐랭스타 레스토랑의 인기 메뉴는 이 사과스콘이었어요. 핫키친 일이 끝나면 항상 패스트리 키친으로 뛰어가 일하는
제 모습을 보고 패스트리 헤드셰프 '카미'가 저에게 레시피를 알려줬어요.
속이 보송보송한 스콘에 상큼한 사과를 곁들였는데 살구잼과 같이 먹어도 맛있어요.
점심을 먹고 나른한 오후, 살짝 심심한 입을 즐겁게 해주는 사과스콘을 홍차와 함께 즐기면서 여유를 가져보세요.

Ingredients

스콘 재료 박력분(1컵), 베이킹파우더(0.1), 설탕($\frac{1}{2}$컵), 소금(0.1) 차가운 버터(3),
　　　　달걀(1개), 우유($\frac{1}{4}$컵), 생크림($\frac{1}{4}$컵), 사과($\frac{1}{2}$개), 달걀물(약간)

달걀물은 달걀과 물을 1:1 비율로 섞어서 만들어요.

메이플 치즈크림 크림치즈(100g)+메이플시럽(3)+호두 으깬 것(3)

Recipe

박력분, 베이킹파우더, 설탕, 소금을 섞은
뒤 차가운 버터를 넣고 비벼 잘게 부수고,

달걀, 우유, 생크림을 넣고 반죽을 골고
루 섞고,

사과는 큐브형으로 잘라 넣어 반죽에 섞
어주고,

사과 대신 말린 과일(건포도, 건크렌베리,
건살구)을 사용할 수 있어요.

밀대를 이용해 2cm 두께로 밀어 종이포
일로 덮은 뒤 냉장고에 20분간 넣어두고,

반죽을 꺼내 5cm 정도의 크기로 자른
뒤 표면에 브러시로 달걀물을 바르고
180℃로 예열한 오븐에 25분간 구운 후
메이플 치즈크림을 곁들여 마무리.

블루베리를 곁들이거나 딸기잼을 발라 먹
으면 더욱 맛있답니다.

주악

외국 사람들에게 선물할 때는 가장 한국적인 것이 좋은 것 같아요.
차랑 같이 먹을 수 있는 예쁜 것을 생각하다 주악을 포장해 선물했는데 반응이 아주 좋더라고요.
주악은 찹쌀가루를 송편처럼 빚어 기름에 지진 떡인데, 어른들에게 선물해도 좋은 주전부리죠.
원래는 송편 모양으로 빚지만 저는 모던한 형태로 변형해 보았어요.

Ingredients

반죽 재료 찹쌀가루(1¼컵=125g), 밀가루(⅕컵=25g), 막걸리(4=40g), 설탕(1.5=25g)

시럽 재료 쌀조청(¼컵), 물엿(¼컵), 계핏가루(0.7), 생강 슬라이스(1쪽)

고명 호박씨(약간), 크랜베리(약간), 캐슈넛(약간)

Recipe

찹쌀가루와 밀가루는 체에 내려 섞고,

찹쌀가루는 방앗간에서 구입해야 쫄깃하고, 또 체에 비벼가며 내려야 빨리 내려져요.

막걸리에 설탕을 넣어 녹이고,

효모가 살아 있는 생막걸리를 사용해야 발효가 잘 일어나요. 미리 설탕을 녹이는 이유는 설탕이 막걸리 효모의 먹이가 되어 발효를 촉진시키기 때문이에요.

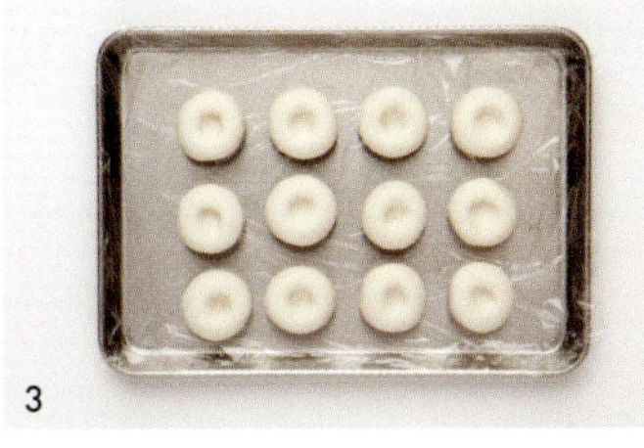

체 친 가루에 설탕 섞은 막걸리를 넣어 반죽한 뒤 적당한 크기로 둥글게 빚고,

많이 치댈수록 반죽이 주저앉지 않고 예쁘게 만들어져요. 반죽이 질면 튀겼을 때 표면이 매끄럽지 않고 들러붙거나 처져요. 손바닥에 동그랗게 둥글리고 동글납작하게 누른 뒤 가운데 부분을 엄지와 새끼손가락을 이용해 꾹 눌러 배꼽을 만들어주세요.

130℃로 달군 식용유(3컵)에 넣어 15~17분간 노릇하게 튀겨 꺼내고,

새 냄비에 **시럽 재료**를 넣어 따뜻하게 데운 뒤 튀긴 주악을 넣어 버무리고,

시럽은 너무 끓이면 식은 뒤에 딱딱하게 굳으니 끓기 시작하려고 할 때 불을 끄세요. 튀겨낸 주악은 기름을 빼고 뜨거울 때 버무리세요.

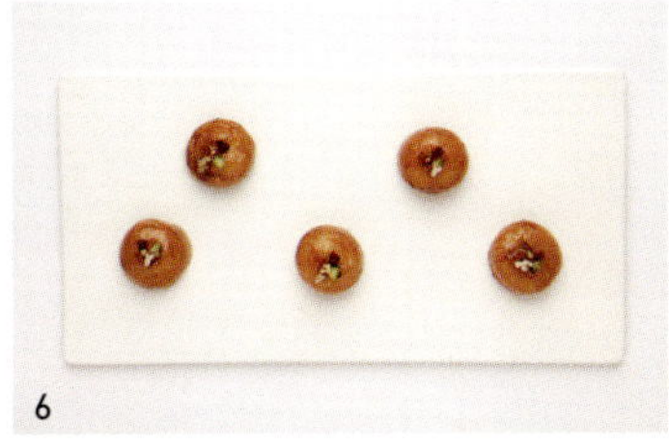

고명으로 장식해 마무리.

바닐라 크림브륄레

크림브륄레는 재료도 어렵지 않고 달콤하고 부드러워 식사 후에 간단한 디저트로 먹기 좋아요
오븐에 중탕으로 굽지만 오븐이 없으면 찜기에 쪄도 되고요
위에 설탕을 뿌려 토치로 구워내면 윗부분이 캐러멜처럼 굳어 바삭바삭해져요
미리 만들어서 냉장고에 두었다가 식사 후 설탕만 뿌려 토치로 구워내면 모두들 좋아할 거예요

주재료 우유(1컵), 생크림(1컵), 바닐라빈($\frac{1}{2}$개), 달걀노른자(4개), 황설탕($\frac{4}{5}$컵)

가니쉬 체리(2개), 블루베리(6개), 애플민트(약간)

Recipe

1

냄비에 우유와 생크림, 바닐라빈을 넣고 끓기 전까지 데운 뒤 체에 걸러 주고,

2

볼에 달걀노른자와 황설탕을 넣어 섞고,

3

데운 우유와 생크림을 달걀노른자가 담긴 볼에 조금씩 넣어가며 섞고,

4

오븐용기에 옮겨 담고 오븐 팬에 물을 담아 오븐용기를 얹은 뒤 160℃로 예열한 오븐에서 20분간 익히고,

오븐 팬에 물을 담아 찌는 것처럼 익혀야 부드럽게 익어요. 달걀찜과 같은 원리랍니다.

5

오븐에서 꺼내 식힌 뒤 황설탕을 뿌리고 토치를 이용해 캐러멜을 만들듯 지진 뒤, **가니쉬**를 올려 마무리.

토치가 없으면 오븐 맨 윗칸에 1~2분 정도 넣었다가 빼주세요. 제철 과일이나 자두, 구운 복숭아를 곁들여도 상큼하고 맛있어요.

원플레이트에 어울리는 빵

우리나라에 밥이 있다면 외국에선 단연 빵이죠 외국에서는 빵을 주식으로
먹기 때문에 음식과 잘 어우러질 수 있도록 다소 심심하지만 담백한 맛의 빵으로 많이 조리를 해요
저는 음식을 낼 때 접시에 빵을 담아내곤 하는데요.
밥, 면뿐만 아니라 빵도 원플레이트 요리에 아주 잘 어울린답니다.
오늘 요리에 어울리는 따끈따끈한 빵을 골라 근사하고 풍성한 식사를 준비해보세요!

1. 스콘

아주 부드러운 질감에 너무 달지 않은 맛으로 티타임, 디저트에 좋아요 과일과 곁들이거나 따뜻하게 데워 잼이나 버터를 곁들입니다.

2. 바게트

특유의 식감과 담백함 때문에 샌드위치나 음식에 곁들여 먹기 좋아요 겉은 바삭하고 다소 딱딱하지만 속살은 우유처럼 담백하면서도 아몬드처럼 고소해요.

3. 포카치아

넙적하고 둥근 반죽에 올리브유, 소금, 로즈마리 등을 뿌려 굽는데 짭짤하면서 올리브 향이 가득한 이탈리아 빵이에요 수프나 샐러드에 곁들여서 먹기 좋아요.

4. 치아바타

치아바타는 이탈리아 말로 납작한 슬리퍼라는 뜻이에요. 겉은 딱딱하지만 속은 쫄깃하고 수분이 적은 이탈리아식 바게트라 할 수 있어요 심심한 맛을 가져서 샌드위치나 샐러드, 파스타 등 다양한 음식에 곁들일 수 있어요

5. 베이글

도넛 모양으로 생긴 이스트롤로 뻣뻣한 느낌이 들면서 반짝이는 빵 껍질을 가지고 있어요 미국에서는 다이어트용으로 많이 먹는데, 크림치즈를 발라 아침 식사로 먹어요.

6. 하드롤

껍질은 바삭바삭하고 속은 부드러운 독일빵이에요. 식사대용으로 그냥 먹거나, 속의 부드러운 부분을 파내고 채소 등 재료를 넣어 샌드위치로 만들거나 수프를 부어 먹어요.

7. 캄파뉴

캄파뉴는 호밀과 통밀로 만들어져 건강식으로 아주 좋아요 샌드위치나 타파스에 곁들여 먹기 좋고, 구워 먹어도 맛있어요

8. 프레첼

프레첼에는 전통적인 방법으로 부드럽게 구운 것과 보존을 위해 단단하게 구운 것, 한입 사이즈로 작게 자른 스낵용이 있어요. 샐러드나 고기 요리에 곁들일 수 있어요.

9. 소프트롤

이름 그대로 부드러운 둥근 빵인데 부드럽고 촉촉한 식감을 좋아하는 우리나라 사람들에게 잘 맞아요 미니 버거, 미니 샌드위치, 곁들여 먹는 빵으로 좋아요

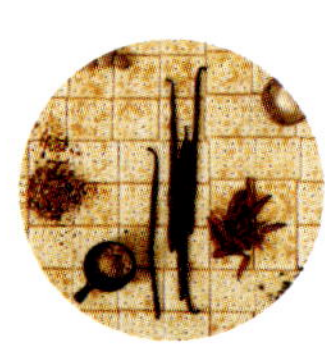

올리비아의 주방기구 & 올리비아가 사용하는 착한 제품 & 페이보릿 향신료 & 올리비아의 손님상

Olivia's Kitchen

나쁜 여자의 주방 훔쳐보기

올리스 키친

Olivia's Kitchen

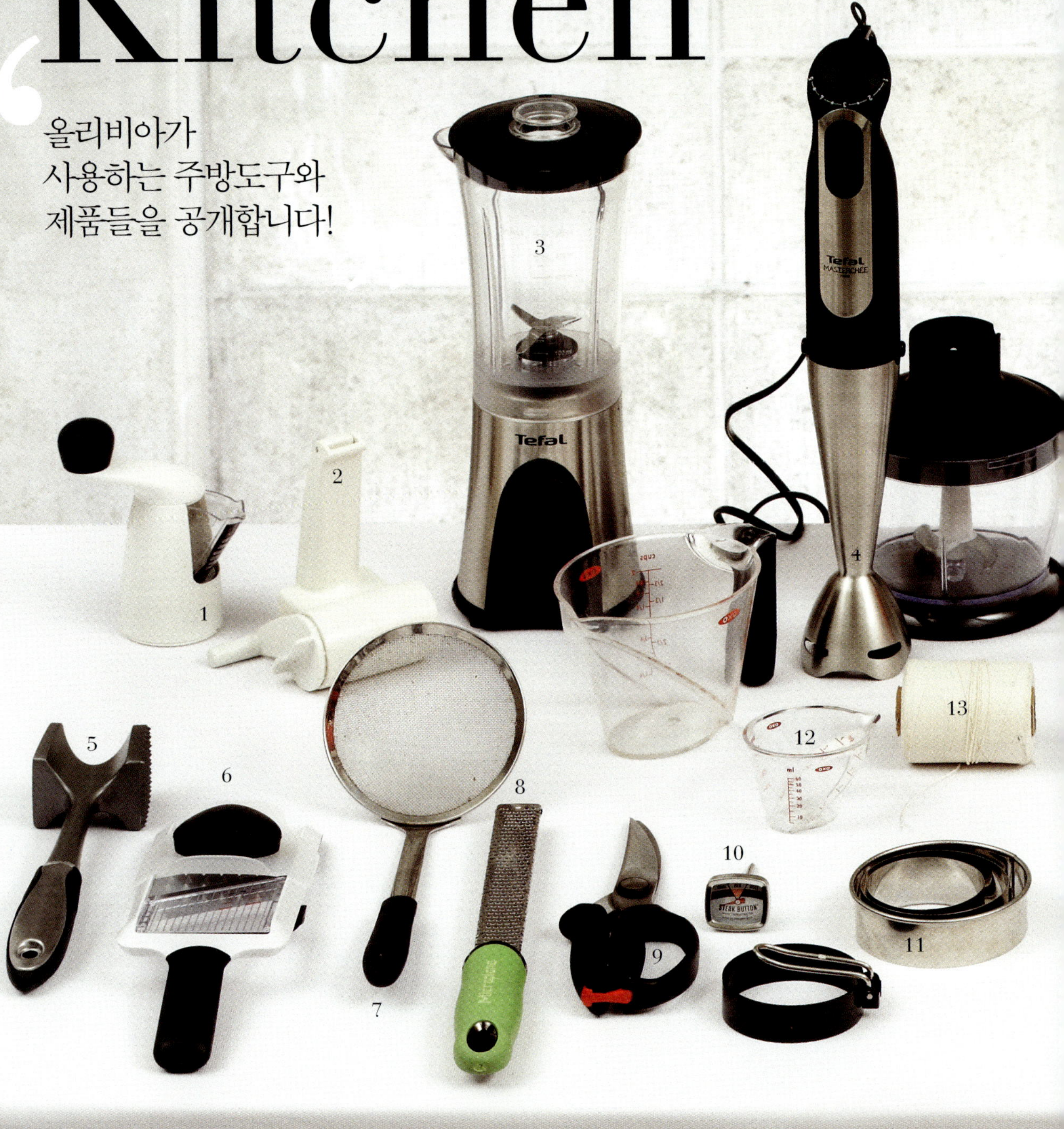

올리비아의 주방기구

1. 페퍼밀(pepper mill)

통후추를 갈 때 사용해요. 후추의 매콤한 맛을 살리려면 직접 그 자리에서 갈아 먹는 것이 좋아요.

2. 치즈 그레이터(cheese grater)

단단한 치즈를 갈 때 사용해요. 손님들 앞에서 음식에 직접 갈아주면 치즈 향이 나면서 더 맛있어 보여요.

3. 믹서

고기·새우 완자에 들어가는 재료를 섞어 갈 때 사용해요. 마른 새우나 버섯 등을 갈면 천연조미료를 만들 수 있어요.

4. 바믹서 (bar mixer or hand blender)

일명 도깨비 방망이라고 부르는데 채소를 넣은 소스를 곱게 갈 때 사용해요. 레스토랑에서 우유거품을 만들 때도 바믹서를 사용해요.

5. 미트 덴더라이즈 (meat tenderize)

고기를 일정한 두께로 펴거나 부드럽게 할 때 사용해요.

6. 채칼(mandoline)

채칼은 무·당근·감자·배·오이 등의 채소를 채로 칠 때 쓰는데 한꺼번에 많은 양의 채소를 채 썰어야 할 경우 칼 대신 간편하게 사용할 수 있어요. 일정한 모양으로 채 썰 수 있죠.

7. 체(skimmer)

재료의 물기를 제거할 때 사용할 수 있어요.

8. 그레이터(마이크로플레인)

레몬이나 오렌지 껍질을 갈거나 치즈를 갈 때 사용할 수 있어요. 재료가 미세하고 곱게 잘 갈려서 제가 즐겨 사용하는 도구 중 하나예요.

9. 육류용 가위

고기를 자르거나 손질할 때 사용하는 가위인데요. 고기만 사용하니 위생적이면서도 아주 잘 잘려요.

10. 고기 온도계

고기에 꽂아두고 원하는 굽기를 체크하면 레어, 미디움, 웰던으로 스테이크를 쉽게 구울 수 있어요. 필수 아이템은 아니지만 재밌기도 하고 모양이 예뻐서 뉴욕에서 구입했어요.

11. 틀

제가 자주 사용하는 둥근 틀은 둥근 모양을 쉽게 만들 수 있어요. 재료를 쌓거나 둥글게 구워낼 때 근사하게 사용하세요.

12. 계량컵

재료의 분량을 잴 때 사용하는데 육수나 소스류처럼 액체류를 정확하게 담을 수 있어요.

13. 요리용 실

먹음직스럽고 예쁜 요리를 만들기 위해서 요리용 실로 묶을 때가 있어요. 왁스로 코팅된 실은 열을 가하면 왁스가 녹으므로 튼튼한 면실이 좋아요. 명주실이나 무명실을 구입하면 돼요.

14. 칼

• 프렌치 or 셰프 나이프

주방에서 가장 많이 쓰는 칼이에요
셰프들이 이 칼 하나로 갖은 솜씨를
부리곤 해요.

• 브레드 나이프

톱니 같은 이가 있어 껍질이 단단한
빵이나 토마토, 껍질이 단단한 과일을
자를 때 사용해요.

• 보닝 나이프

칼날이 단단해 육류의 살을 발라낼 때
사용해요.

• 페어링 나이프

과일이나 채소를 다듬을 때 사용해요.

• 필레 나이프

생선의 포를 뜨는 데 사용해요.

15. 고무주걱(rubber spatular)

고무주걱은 우리나라에서 알뜰주걱
이라고도 불려요. 그릇에 묻은 것까지도
싹싹 긁어 사용할 수 있거든요.

16. 나무주걱(wooden spoon)

재료를 볶거나 저을 때 사용하면 고루
섞여요.

17. 프라이팬(frying pan)

재료를 볶거나 튀길 때 사용해요.

18. 도마

음식은 만들기 전에 재료를 썰거나
다질 때 사용해요. 도마는 두껍고
단단한 나무일수록 좋아요. 가정에서는
생선이나 채소, 육류 가리지 않고 한
도마에 사용하지만 요즘은 색깔별로
육류용, 채소용, 해산물용 등으로 나누어
사용하기도 해요.

19. 멜론 볼러(mellon baller)

과일이나 채소를 일정한 모양의
원형으로 깎을 때 사용할 수 있어요.

20. 요리용 솔

고기를 굽기 전 표면에 기름이나 양념
등을 발라 사용할 수 있어요. 오븐에서
조리할 때 그릇에 달라붙지 않게 버터나
기름을 바를 때도 편리해요.

21. 전자저울(scale)

음식물의 무게를 측정할 때 사용해요.

22. 미니 고무주걱

미니 실리콘 주걱은 작은 볼이나 그릇에
담긴 것을 알뜰하게 긁어 사용할 수
있어요.

23. 제스터(zester)

음식 향을 내는 레몬이나 라임, 오렌지
등의 껍질을 다져낼 때 사용해요. 고기를
볶거나 화이트소스를 만들 때 꼭 쓰는
향신료인 넛맥을 갈아 쓰는 용도로도
쓰여요. 치즈를 직접 갈 때 쓰기도
하고요.

24. 브러시(brush)

재료에 기름이나 버터, 계란물 등을 바를
때 사용해요.

25. 뒤집개

전이나 부침개, 생선이나 육류 등을
팬에서 지질 때 뒤집는 용도로 사용해요.
크기나 모양도 다양해서 용도에 맞게
구입하세요.

26. 필러

껍질을 벗기는 기계로 감자나 연근,
아스파라거스, 당근 등의 껍질을 얇게
재빨리 벗길 수 있게 해줘서 편리해요.

OXO
GOODGRIPS
15
16
17
18
14
19
20
21
22
23
24
25
26

Vinegar & Oil

식초 & 오일

1. 헤이즐넛오일

그냥 먹어도 고소한 헤이즐넛오일은 튀김이나 부침용으로 쓰기보다는 샐러드 드레싱이나 요리 마지막에 몇 방울만 넣는 게 좋아요.

2. 칠리오일

페퍼론치노나 월남고추를 사용해서 만든 칠리오일은 고추향과 매콤한 맛이 일품으로 드레싱이나 파스타, 볶음 요리 등에 사용하면 감칠맛이 나요.

3. 레몬오일

완전 소중하게 사용하는 레몬오일은 상큼한 맛이 최고예요 샐러드부터 생선 요리 등 한번 쓰기 시작하면 멈출 수 없어요

4. 월넛오일

호두를 볶아 만든 오일로 고소한 향에 향미가 풍부해요 구운 채소나 생선 요리, 샐러드와 아주 잘 어울려요.

5. 트러플오일

귀한 송로버섯을 이용해 만든 오일로 버섯 요리에 많이 사용해요. 가격이 비싼 송로버섯을 직접 사용하지 못할 때 트러플 오일로 음식의 품격을 높여보세요.

6. 올리브유

제 요리엔 올리브유가 거의 다 들어가요 엑스트라 버진 올리브유는 향이 강하고 발열점이 낮기 때문에 샐러드유로 사용 하고, 퓨어 올리브유는 향이 강하지 않고 발열점이 높기 때문에 튀김을만들 때 사용하면 고소해요.

7. 포도씨유

저는 식용유보다 포도씨유를 선호해요. 포도씨유 특유의 상큼함이 있거든요 샐러드드레싱용으로 좋고 볶음 요리나 튀김 요리에 사용하면 느끼함을 덜어줘요

8. 레드와인식초

레드와인을 발효시켜 만든 레드와인 식초는 과일 향이 나고 부드러워요. 샐러드드레싱이나 브런치에 자주 쓰이는 홀렌다이즈 소스를 만들 때 사용해도 좋아요

9. 발사믹식초

포도식초로 단맛이 강해요. 샐러드드레싱, 육류, 생선 요리에 잘 어울리고, 빵에 찍어 먹어도 좋아요.

10. 양조식초

천연 발효된 식초를 말해요 다른 향이 없기 때문에 요리에 들어가는 재료 본연의 맛을 잘 살릴 수 있어요.

11. 발사믹크림

발사믹식초를 졸여서 만든 것으로 단맛과 향긋함이 좋아요 뿌려 먹는 소스로 사용하기 편하고, 채소나 육류, 해산물에 곁들여 먹어도 좋아요

12. 화이트와인식초

화이트와인을 발효시켜 만든 화이트 와인식초는 화이트와인 특유의 깔끔하고 새콤한 맛이 가벼운 그린샐러드나 과일 샐러드, 해산물에 잘 어울려요

Wine & Soy Sauce

1. 맛간장 (올리비아 강추 제품)

시중에 맛간장이 많이 나와 있는데 그 중에서도 다양한 양념과 과일 맛이 어우러져 풍미가 좋은 제품을 써요. 이 제품 하나면 볶음요리, 잡채, 불고기 등 어떤 요리에도 쓰기 편해요.

2. 조선간장

일명 청장이라고 불리는 조선간장은 국산상이라고도 불러요. 색이 맑고 맛이 깔끔해서 국이나 나물 무침에 사용해요.

3. 레드와인

요리용 레드와인은 저렴한 것으로 구하면 돼요. 요리의 잡내를 없애주고 풍미를 더해주죠. 고기나 해산물을 볶거나 찔 때, 브라운소스를 만들 때에도 사용해요. (추천: 까르비네 쇼비뇽이나 진판텔, 피노누아 등)

4. 포트와인

포트와인은 포르투갈의 달콤한 레드와인이에요. 티라미수나 와인젤리 같은 디저트를 만들 때, 브라운소스에 많이 사용해요.

5,6. 양조간장(501, 701)

콩과 탈지대두, 밀 등을 원료로 한 간장으로 감칠맛이 뛰어나 부침개, 무침, 생선회를 찍어 먹는 소스나 볶음, 국에 다양하게 사용할 수 있어요. 엄선된 효모로 천천히 발효시켜 향이 오랫동안 유지되는 제품이에요.

7. 진간장

마늘종 볶음이나 갈비찜, 장조림, 간장게장처럼 간장에 열을 가해야 하는 경우에는 진간장을 쓰세요. 진간장은 열을 가해도 맛이 잘 변하지 않아서 끓이거나 볶는 요리가 많은 한국요리에 가장 많이 사용해요. 잘 숙성된 간장 특유의 맛과 향으로 요리가 더 맛있어져요.

8. 화이트와인

요리용으로는 저렴한 것으로 골라요. 사과나 파인애플의 향이 나기 때문에 향긋할뿐더러, 해산물이나 닭 요리에 넣으면 비린 맛과 잡내를 없애줘요. (추천: 샤도네이)

2 | 올리비아가 사용하는 제품

와인 & 간장

1. 크림치즈

숙성이 되지 않아 부드럽고
매끄러우면서 약간 신맛이 나고 끝맛은
고소해요 쉽게 상하기 때문에 빨리
먹어야 하고, 카나페·샌드위치·샐러드
드레싱·디저트요리·쿠키·치즈케이크
등에 사용해요.

2. 가염버터

버터의 풍미를 돕고 보존성을 높이기
위해 소금을 첨가한 버터입니다. 빵에
발라먹을 수도 있고, 생선이나 고기를
구울 때 마지막 1분 전에 넣어서 풍미를
높일 수도 있어요.

3. 훈제치즈

훈연의 향이 나서 스모크치즈로도
불리며 샐러드에 곁들이거나 샌드위치,
과일과 함께 와인이나 맥주 안주로
좋아요.

4. 페타치즈

소금물에 담가 둔 채로 숙성시키기
때문에 '절인 치즈(Pickled
Cheese)'라고도 불려요 주사위 모양으로
썰어 샐러드에 바로 넣어 사용하거나
채소를 넣은 파이를 만들 수 있어요.

5,6. 이즈니 카망베르치즈 &국내산 카망베르치즈

손가락으로 부드럽게 눌러도 들어갈
만큼 연하고 부드러운 맛으로 흰
곰팡이가 벨벳처럼 덮여 있죠 껍질에
향긋한 버섯의 향과 함께 특유의
암모니아 향이 느껴져요. 과일과 함께
디저트나 와인안주로 사용하거나
크림소스나 수프에 넣으면 풍부한 맛이
나요 우리나라 브랜드는 해외 제품보다
조금 더 단단해요.

7. 무염버터

소금을 넣지 않고 만든 버터예요 쿠키나
케이크, 과자에 들어가요.

8. 리코타치즈

부드럽고 단맛이 나요
다른 재료와 잘 섞어기
때문에 빵가루에
섞어 닭고기나 생선
위에 뿌려 굽거나,
허브와 섞어서 파스타
요리에 뿌리기도 해요.
순백색으로 부드러우면서
새콤한 맛이 나요.

9. 파르메산치즈

파르메산치즈는 다른 치즈에 비해
매우 단단해서 보통 분말로 만들어
사용해요 향기가 짙고 보존성이 높아요.
스파게티나 마카로니, 피자나 샐러드
위에 가루를 뿌려 사용해요.

Cheese
& Butter

KOLIOS
FETA
PROTECTED DESIGNATION OF ORIGIN (PDO)
4

Isigny Ste Mère
Beurre D'Isigny
250g
AOP
BUTTER
UNSALTED DOUX
APPELLATION D'ORIGINE PROTÉGÉE
7

Isigny Ste Mère
NORMANDIE
FABRIQUE
CAMEMBERT
SOFT RIPENED CHEESE
5

Ricotta
Brimi
Qualità
8

Cheese
FARMDOR Camembert 까망베르치즈
125 g NET
6

GIGLIO
PARMIGIANO REGGIANO
9

치즈 & 버터

Sugar & Salt

1. 메이플시럽

캐나다와 미국의 단풍나무의 수액으로
만든 시럽이에요. 보통은 팬케이크나
와플 등의 디저트에 곁들여 먹는데 저는
나물무침이나 채소볶음에 단맛을 낼 때
사용해요. 특유의 향과 단맛이 좋거든요.

2. 천일염

천일염은 바닷물을 염전으로 끌고 와
바람과 햇빛을 이용해 수분과 유해물을
증발시켜 만든 소금이에요. 김치 담글
때나 장을 담글 때 국산 천일염은 최고의
맛을 자랑합니다.

3. 코셔솔트

미국에서 접하게 된 코셔솔트는 거친
소금을 말하는데 요오드와 같은
첨가물이 들어가 있지 않아요. 물에
쉽게 녹고 자극적인 맛이 덜해 셰프들이
많이 사용하는데, 재료 본연의 맛을 잘
살려줘요.

4. 자일로스 설탕

설탕 흡수를 줄여주는 효과를 가지고
있는 자일로스 설탕은 일반 설탕과
단맛은 같아요.

5. 신안 천일염소금

우리나라의 소금이 최고의 품질을
자랑한다고 해요. 그중 신안이 소금
생산지로 유명한데요. 신안으로 소금
기행을 갔을 때 구입했는데 맛이
최고랍니다.

6. 물엿

요리에 단맛을 내주고 요리가
반짝반짝해지는 효과를 줘요. 무침이나
볶음에 좋아요.

7. 올리고당

요즘은 건강을 생각해 올리고당을 많이
이용하는 추세예요. 설탕보다 달지는
않지만 건강한 단맛과 음식의 반짝임을
원한다면 올리고당을 이용하세요.

8. 구운소금

천일염을 굽거나 볶은 소금입니다.
부드러운 맛이 특징이고 일반 소금보다
짠맛이 덜해서 무침이나 생채 등에
사용해요.

9. 핑크솔트

제가 미국에서 구입해온 핑크솔트는
히말라야 핑크솔트라고 불려요. 건강에
좋다는 이유로 많이 찾는데요. 바위에
붙은 소금인데 핑크색이 예뻐 저는
소금을 뿌려내는 요리에 사용합니다.

10. 꿀

자연이 준 천연감미료 꿀은 설탕 대신
사용하는데 건강식으로 요리할 때
사용하세요. 설탕보다 단맛은 덜 해도
풍미는 더 좋아요

11. 허브솔트

볶음 요리나 육류 요리, 생선
마리네이드에 사용합니다.

비법솔트
500 ml
pure Maple Syrup
Kosher Salt
자일로스설탕
1 kg
XYLOSE SUGAR
SWEET FOR HEALTH

페이보릿
향신료
1
2
3
4
5
6
7
8
9
10

Favorite Spice

1. 피클링스파이스

피클에 이용하는 향신료인데요 다양한
재료가 섞여 있어 깊은 맛을 내줘요.
피클을 좋아하는 저에겐 머스트해브
아이템이에요.

2. 넛맥

넛맥은 특유의 스파이시함이 있어요.
화이트소스나 수프에 사용하는데 고기나
생선의 잡내를 없애는 데 좋습니다.

3. 카이엔페퍼

서양의 고운 고춧가루라 생각하면 돼요.
매콤한 맛과 향을 낼 때 사용해요. 고기나
해산물, 샐러드에 사용가능하고 재료를
마리네이드할 때도 좋아요

4. 마늘가루(갈릭파우더)

마늘을 건조해서 분말로 만든 것인데
독특한 매운맛으로 식욕을 자극해요.
마늘이 들어가는 어떤 요리에도 활용할
수 있어요. 실온에 보관가능하고 다진
마늘이나 마늘이 없을 때 향을 내기
편해요.

5. 칠리플레이크

제가 가장 좋아하는 향신료 중에 하나인
칠리플레이크는 고추를 빻은 것인데
씨가 가진 알싸한 매운맛을 느낄 수
있어요. 저는 채소볶음이나 매운 요리를
할 때 자주 사용해요.

6. 바닐라빈

제가 디저트에 가장 많이 쓰는

향신료인데요. 가벼운 계피향에 달콤한
향이 진하게 나서 씨를 요리에 넣어주면
향을 풍부하게 낼 수 있어요. 껍질은
우유나 생크림을 끓일 때 살짝 넣어 향만
내고 빼주세요. 아이스크림, 과자, 케이크,
비스킷 등 다양하게 사용할 수 있어요.

7. 케이준스파이스

마늘·양파·칠리·후추·겨자·셀러리 등을
섞어 만든 매콤한 맛이 나는 양념이에요.
닭요리에 들어가는 양념을 마리네이드할
때 약간만 넣어주면 향긋하고
매콤해지죠. 고기, 생선 요리에 넣으면
향긋한 맛을 낼 수 있어요.

8. 새눈고추(쥐똥고추)

동남아음식에서 가장 많이 사용되는
고추로 파스타나 토마토소스 요리에
사용해요.

9. 통후추

녹색 후추 열매가 익으면 검은 후추,
껍질을 벗기면 흰 후추가 됩니다. 검은
후추는 흰 후추보다 매콤함이 강해요.
흰 후추는 맛이 연해 생선요리나
화이트소스에 사용하면 은은하게 좋죠.
저는 주로 검은 후추를 사용하는데요
매콤한 향이 재료의 잡내를 없애줘서
거의 모든 요리에 활용합니다.

10. 팔각

중국요리에 빠져서는 안 되는 재료예요.
찜이나 조림처럼 오래 조리하는 요리에
사용하면 주재료의 냄새가 제거되고
독특한 향이 좋아요.

1 | 올리비아의
손님상

손님상
노하우

"
저는 어릴 때부터 친구들을 집에 자주 데리고 왔어요
그때부터 지금까지 손님 초대를 많이 하는데 습관이 돼서인지
누군가를 초대하는 일이 별로 어렵지 않더라고요.
여러분도 간단하게 해낼 수 있어요! 차근차근 해보자고요
"

손님상 메뉴 정하기

우선 주요리 하나를 정하세요 오늘은 배가 두둑해지는 토마토 해산물 링귀니(p.116)를 만들어볼까요? 재료를 살 때 요리와 어울리는 빵(p.246)을 사서 데워서 따뜻하게 곁들여요 그리고 아주 유용한 시판 제품(p.164)을 사이드 메뉴로 곁들여요! 새콤한 피클과 할라피뇨, 씨가 있는 올리브 3종을 작은 그릇에 담아 차례로 올립니다. 만들어 놓은 사이드 메뉴(p.118)가 있다면 적극 활용해보세요! 여기까지 메인 디시 완성!

메인 디시를 먹고 나서 싱싱한 제철 과일을 푸짐하게 내거나 스콘에 과일을 곁들여 후식접시에 따로 내면 아주 간단하게 디저트까지 해결됩니다. 만약 좀 더 신경 쓴 티를 내고 싶다면 음료를 직접 만들어서 내는 방법도 있어요 초간단하지만 손님들이 감탄하는 포인트랍니다.

여기서 확 달라져요

- 촌스러운 식탁이 문제라면 모던한 컬러(화이트, 블랙 그레이)의 테이블보를 깔아서 변신시키세요! 접시는 하얀색의 모던한 것으로 물기 없이 닦아 준비합니다.

- 수저, 포크, 나이프 : 실버 계통으로 통일하세요 플라스틱 제품이나 물기 남은 수저는 절대 내면 안 돼요 행주로 윤이 나게 닦아주세요 음식을 흘리거나 손에 묻은 것을 닦을 수 있는 핸드타월이나 페이퍼타월을 예쁘게 접어 그릇 오른편에 놓고 그 위에 왼쪽부터 스푼, 포크, 나이프 순으로 놓으세요.

- 앞접시, 물잔, 커피잔 : 저는 대부분 접시는 하얀색, 잔은 유리로 구입해 사용해요 앞접시는 조금 작은 것을 선택해 스페이스를 줍니다 특히 물잔, 와인잔 등이 반짝반짝하게 잘 닦여 있어야 한다는 것 잊지 마세요!

손님상 음료 레시피

손님상 음료 만들기(2인기준)

샹그리아

재료

오렌지(1개), 딸기(2개), 레드와인(2컵), 스파클링와인(1컵), 꿀(2), 얼음(약간)

1 오렌지와 딸기를 먹기 좋게 썰고,
2 레드와인, 스파클링와인, 꿀을 넣어 섞고,
3 오렌지와 딸기를 넣고 섞어 얼음과 함께 곁들여 마무리.

레몬 진저에이드

재료

레몬(2개), 생강(1개), 꿀(1컵), 물(2컵), 얼음(약간)

1 레몬과 생강은 깨끗이 씻어 얇게 슬라이스하고,
2 그릇에 레몬과 생강, 꿀을 넣어 냉장고에 보관하고,
3 레몬 생강 꿀절임을 잔에 담고 물을 넣어 잘 젓고,
4 얼음을 넣어 마무리.

민트술

재료

라임(1개), 애플민트(1줌), 화이트럼 또는 바카디(1컵), 탄산수(1컵)

1 라임은 제스터로 껍질을 긁어내서 두고, 알맹이는 즙을 짜고,
2 컵에 애플민트를 넣어 빻고,
3 바카디, 탄산수, 라임제스트, 라임즙을 넣어 마무리.

미모사

재료

오렌지주스($\frac{1}{4}$컵), 스파클링와인(2컵), 라임(적당량)

1 샴페인 잔에 차가운 주스를 붓고,
2 스파클링와인을 천천히 따르고,
3 라임으로 장식해 마무리.

Special thanks to

할 수 있다는 열정만으로 어떤 일이든 도전하고 먼저 부딪혀보던 저에게 언제나 어려운 일 투성이었어요. 그럴 때마다 마법처럼 누군가 나타나 도움을 주곤 했죠. 제가 성장할 수 있게끔 도움을 주신 분들께 감사드리고 싶습니다. 그분들 덕분에 이 책이 나올 수 있었습니다.

제게 가장 소중한 경험과 가르침을 주신 아버지 셰프, Chef. Felix schmit. 엉덩이에 뿔난 송아지처럼 사고뭉치에다가 할 수 있다는 열정만 가득했던 저를 알아봐주고 많은 기회를 주면서 지지해 주셔서 감사합니다. 든든한 당신의 자랑스러운 당신의 딸이 되도록 늘 노력할게요. 진심으로 존경하고 사랑합니다. 사모님, 그리고 바네사 보고 싶어요.

두바이 'Festival of Taste' 행사에서 처음 만난 Chef. Yannick Alleno. 처음 접해보는 미슐랭 3스타의 맛과 조리법은 정말 예술이었습니다. 편안하고 화려했던 프랑스 생활을 뒤로 하고 당신의 군단으로 투입된 후 정말 쉽지 않아 매일 울었지만, 한층 성숙해지고 발전된 실력을 갖게 해주셔서 정말 감사합니다.

일이 끝나고 남은 시간에 Pastry Kitchen에 얼쩡거리며 질문만 한가득 쏟아내던 호기심 많은 저에게 항상 웃으면서 가르쳐주신 Chef. Camille Lesecq. 위기의 하루하루 속에서도 지켜주고 가르쳐주신 Chef. Philippe Mille. 미슐랭 2스타 축하드려요!

파리행 비행기에서 우연히 만난 Chef. Hemi. 무작정 Chef. Yannick을 만나서 일하겠다는 대책 없는 내 열정을 알아본 당신이 없었다면 난 정말 어떻게 되었을까. Chef. Patrice Hardy을 소개해주어 파리에서 요리생활을 시작하게 해준 당신! 정말 고맙고 보고 싶다.
Chef. Patrice. 새벽마다 당신의 트럭을 타고 파리의 4계절의 요리재료들을 볼 수 있어서 정말 즐거웠어요. 트러플 요리 비법을 전수해주셔서 눈물이 날 만큼 감사드립니다.

한국에 잠시 들어와 일하던 제게 많은 기회와 가르침을 주셨던 Chef. Sylvain dubeau. 철없고 어렸던 제게 즐겁게 일하는 방법을 알려주시고 이메일로 용기와 힘을 불어넣어 주셨던 당신. 그리고 리에코, 정말 감사합니다.

두바이 요리대회에서 심사위원으로 만난 Chef. Kurt Mozzato. 자신감과 길을 잃었을 때 손을
꼭 잡아주시며 대견하고 정말 자랑스럽다고 말씀해 주시며 용기를 주셨던 당신. 30년 전 서울
조선호텔의 총주방장 재임시절을 회상하시며 제게 해주신 스트로베리 페퍼 샤베트 이야기
잊지 않을게요. 태국에 갔을 때 상다리 부러지게 사주신 음식들도 너무 먹고 싶어요. 사모님께도
감사해요.

늘 최신 트렌드를 읽으려 항상 노력하고 셰프라는 직업이 정말 근사하다는 것을 몸소 보여주시던
Chef. Patrick Dithelm, 매일 실수를 저질러도 특유의 재치 있는 농담으로 긴장을 풀어주신
Chef. Uls. 스위스의 멋진 자연에서 다양한 유럽요리를 접할 수 있게 많은 가르침을 주셔서 정말
감사합니다.

그밖에 함께 일하며 정을 나누고 올리비아에게 가족같이 따뜻하고 소중한 모든 친구와 동료들. 정말
고맙고 보고 싶어요. 저도 제가 받았던 모든 행운과 사랑을 나누며 살 수 있도록 노력하겠습니다.

사랑하는 언니이자 많은 조언과 기회를 준 지원 피디님, 언제나 든든한 백이 되어주시는 이지민
부장님, 많은 가르침을 주신 김수진 원장님, 어리고 철없던 제게 후학들을 가르칠 수 있는 기회와
믿음을 주시는 백석문화대학 안종철 학부장님, 안호기 교수님 외 많은 교수님들과 제자들, 부족한
지식을 채워주시는 세종대학교 관광대학원 교수님들, 요리대회를 치루며 단단해진 젊은 조리사협회
'코리아이슈' 우리 회원들.
젊고 열정적인 저보다도 더 열정적이신 존경하는 한복디자이너 이영희 선생님. 선생님의 패션쇼에
요리쇼를 할 수 있는 영광과 최고로 아름다운 한복들을 선뜻 내어주셔서 정말 감사합니다. 진심으로
아껴주시고 예뻐해 주시는 동덕여대 패션디자인과 최현숙 학장님과 서울대 경제학과 오성환
학장님, 심리학과 곽금주 교수님, 대한항공 홍선분 과장님, 동생처럼 아껴주시고 많은 조언해주시는
문화관광부 신용식 행정관님, 대통령실 자문위원단 멋진 언니들, 태국에서 요리쇼를 할 수 있게
진행해준 KTCC 민지연 씨, 친구이자 언제든 아낌없이 조언해주는 정샘물의 은진 실장, 항상
지지해 주시는 이가자 헤어비스 이소영 원장님, 진심으로 도와주시는 W퓨리피 이영림 대표님, 바쁜
와중에도 항상 챙겨주고 관심 보내주신 스타일리스트 봉신애 언니, 언제든 힘들 때 훌쩍 가서 밥을
축내도 반갑게 맞아주시는 구례 천염염색장인 안화자 선생님과 송이, 한국식 빵을 배우게 해주신

성심당 관계자 분들, 새벽수산시장의 신선한 해물라면맛과 막걸리를 평생 잊지 못할 추억으로
만들어주신 요리대가 윤정진 삼촌, 행복의 의미를 다시 한 번 생각해 볼 수 있는 조언으로 슬럼프를
극복할 수 있게 해주고 끊임없는 배움의 열정을 보여주었던 배용준 씨, 어디서든 지켜봐주시는
Jason 오빠, 미국에서도 한국에서도 언제든지 도움주기만 하는 롯데자이언츠 승준 오빠,
아낌없는 조언과 쇼할 때 마다 상품 협찬해주는 능력 있고 사랑스런 샘표 정윤언니, 힘들 때마다
많은 힘이 되어 주는 그린테이블 오너 쉐프 은희 언니, 두바이에서부터 많은 도움주는 Mr.mana
오빠, 친언니만큼 아껴주었던 아랍에미레이츠 사무장 선홍언니, 바쁜 시간에도 장소 협찬해주신
류니크의 류태환 셰프님, 소울메이트이자 지금은 새언니가 된 친구 재선이, 어릴 적부터 변함없는
베스트프렌드 은아, 친구지만 존경스러운 상일이, 그 외 모든 분들 정말 감사합니다. 제가 받은
사랑보다 더 많이 베풀 수 있는 사람이 되도록 노력하겠습니다.
항상 예쁘게 만들어 주는 라뷰티코아 식구들. 예쁘지 않은 얼굴에 붓 터치 몇 번으로 생기를
주는 정선 이사님, 주희샘, 말 안듣는 머리 예쁘게 만들어주는 연지샘, 민영샘, 하늘이, 미소,
그리고 무엇이든 지지해주시는 오라버니 현태 대표님. 수유 중에도 직접 소품 하나하나 챙겨준
플레이스모리 김정아 대표님, 항상 언니처럼 조언해 주시고 많은 지지해주시는 테팔 이호경 차장님,
SMC 박혜미 차장님 정말 감사드립니다.

항상 진심으로 응원해주시고 언제나 믿음으로 지지해주시는 든든한 김선숙 대표님, 무뚜뚝하시지만
진심으로 생각해주시는 이돈희 대표님, 하나하나 다 챙겨주고 신경써주시는 이정순 본부장님,
누구보다도 열정적으로 이 책을 블링블링하게 기획하고 진행해준 이현아 에디터, 장마철 열심히
촬영 진행해준 김아름 에디터, 센스 있게 스타일링까지 도와주며 멋진 사진 찍어주신 김형섭 실장님,
까다로운 내 성격 다 받아주며 스타일링 맡아주고 예쁜 앞치마까지 만들어준 배지현 실장님,
오랫동안 묵묵히 도와준 제자 은지, 인턴 다영, 주현, 바쁜데 와서 이것저것 도와준 제자 민규,
충현이, 급하게 필요한 해산물을 언제나 웃으며 구해주시는 수산시장의 서산상회 사장님, 가락시장
기복상회 사장님, 모두 감사드립니다.

제가 좋아하는 일을 할 수 있게 언제나 지지하고 응원해주는 우리 가족, 완벽한 부모님, 오빠, 언니,
형부, 귀여운 조카 순범이 당신들이 있어 언제나 힘이 나요.
사랑합니다. 고맙습니다.
마지막으로 늘 행복하게 요리하시던 하늘에 계신 외할머니, 항상 요리할 때마다 생각이 나요.
보고싶습니다.

<나쁜 여자의 착한 요리>에
도움 주신 분들

식품

CJ 제일제당
백설 www.beksul.net 080-850-1200 | 프레시안 www.freshian.co.kr 080-850-2000
구르메 F&B www.gourmet.co.kr 02-790-1717
샘표 www.sempio.com 080-996-7777
서울우유 www.seoulmilk.co.kr 080-021-5656
풀무원 www.pulmuone.co.kr 080-022-0085
오뚜기 www.ottogi.co.kr 080-024-2311
한돈 www.han-don.com 02-6300-2901

요리도구

테팔 www.tefal.co.kr 080-733-7878
LG오븐 dios.lge.co.kr 02-3777-1114
한국도자기리빙(주) www.livinghankook.com 080-222-7800
옥소 www.oxomall.com 1577-4253
플레이스모리 070-8226-4796
휘슬러 www.fissler.co.kr 02-3453-4100
르크루제 www.lecreuset.co.kr
더다인 www.thedain.com 1688-3016

와인

금양인터내셔널 www.keumyang.com 02-2109-9200
국순당 www.allwines.co.kr 02-513-8600